田村 悠 著

ラングチェーン
LangChain

完 全 入 門

生成AIアプリケーション
開発がはかどる
大規模言語モデルの操り方

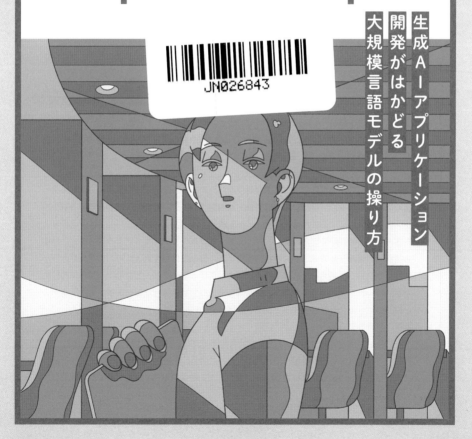

インプレス

はじめに

2022年11月にリリースされた大規模言語モデル（LLM）を使ったAIであるChatGPTはその衝撃的な性能から、多くの開発者が大規模言語モデルを使ったアプリケーション開発に目を向けるようになりました。

実際に大規模言語モデルを使ったアプリケーションは数多くリリースされ、多くのユーザーが利用しています。このようなアプリケーションはLangChainを使って開発されているものも多く、執筆時点でデファクトスタンダードとなっています。

LangChainは大規模言語モデルを使ったアプリケーション開発で一般的に使われる機能を手軽に使えるようにしたライブラリで、クオリティの高いアプリケーションを短期間かつ少ない労力で構築する手助けをしてくれます。

また、LangChainは「大規模言語モデルをどのように使えば今まで苦手だったタスクやできなかったことができるようになるのか」という日々行われている研究をもとにした新機能の実装も行われています。LangChainを学ぶことは、非常に進化の速い大規模言語モデルとその周辺技術を学び、実践するための近道ともいえます。

ChatGPTを筆頭とする大規模言語モデルの性能向上と、LangChainのような周辺技術の発展により、AI専門ではないエンジニアでもアイデア次第で十分に革新的なアプリケーションを開発できる時代が訪れたと考えています。

本書では実践的なアプリケーション開発をできるようにするという点にフォーカスし、大規模言語モデル自体の難解な仕組みや歴史の解説はできるだけせず、大規模言語モデルを使ったアプリケーションでどのようなことができるのか、そして、それをするためにはどのようにコードを書くかという点を、アプリケーションを作りながら学びます。

しかし、LangChainを使った開発には、Webアプリケーション開発やスマートフォンアプリ開発とは異なる知識が必要です。本書ではこれらの知識についても解説しつつ、LangChainを使って実践的なコードを書きながら学べるようにしています。将来的にLangChainより有用なライブラリが登場したり、なんらかの理由でLangChainを使わないことを選んだとしても、これらの知識は大規模言語モデルを使ったアプリケーション開発の役に立つはずです。

大規模言語モデルの使い方はまだまださまざまな可能性があり、一人ひとりの創造力で新たな一歩を探す模索段階だと考えています。本書を手に取ってくれたあなたの創造力と技術力が、これからの大規模言語モデルを使った開発の世界に新たな価値をもたらすことを期待しています。LangChainを使って、未来のアプリケーション開発に挑戦しましょう！

2023年9月　田村 悠

CONTENTS

はじめに …………………………………………………………………………… 3

[CHAPTER 1 | ChatGPTとLangChain]

01 ChatGPTや言語モデルについて知る ……………………… 12
ChatGPTとはなにか ……………………………………………………… 12
OpenAIのAPIから利用できる代表的な2種類の言語モデル ………… 13
OpenAI以外の言語モデルを知る ……………………………………… 16

02 LangChainの概要 ……………………………………………… 19
言語モデルを使ったアプリケーション開発 ………………………… 19
LangChainで言語モデルを使ったアプリケーション開発を簡単に………… 19
LangChainに用意されている6つのモジュール ………………… 20

03 LangChainを使ったアプリケーションの例 ……………… 23
PDFについて質問できるチャットボット ………………………… 23
ファイルへの干渉やインターネット検索ができるチャットボット ………… 24

04 本書の実行環境について ……………………………………… 26
Pythonの実行環境を整える ……………………………………… 26
VS CodeでPythonを使った開発を楽にする拡張機能 ………… 31
OpenAIのAPIキーを取得する …………………………………… 33
環境変数にAPIキーを設定する …………………………………… 35
LangChainと必要なライブラリを準備する ……………………… 37

05 OpenAIのAPIを呼び出して動作を確認する ……………… 39
ChatモデルのAPIを呼び出してみる ……………………………… 39
CompleteモデルのAPIを呼び出してみる ……………………… 46

CHAPTER 2 | Model I/O – 言語モデルを扱いやすくする

01 言語モデルを使ったアプリケーションの仕組み ················ 52
　言語モデルを呼び出すとは ·· 52
　Model I/O は LangChain で最も基本的なモジュール ········· 54
　Model I/O を構成する3つのサブモジュール ················· 54
　Language models を使って gpt-3.5-turbo を呼び出す ······· 55
　PromptTemplate で変数をプロンプトに展開する ············· 59
　PromptTemplate に用意されているその他の機能 ············· 61
　Language models と PromptTemplate を組み合わせる ········ 62
　リスト形式で結果を受け取る ·· 65

02 Language models – モデルを使いやすく ·················· 69
　統一されたインターフェイスで使いやすく ····················· 69
　Chat models と LLMs ·· 69
　Language models の便利な機能 ··································· 71

03 Templates – プロンプトの構築を効率化する ············· 77
　プロンプトエンジニアリングによる結果の最適化 ············· 77

04 Output parsers – 出力を構造化する ····················· 82
　結果を日時形式で受け取る ·· 82
　出力形式を自分で定義する ·· 83
　誤った結果が返されたときに修正を指示できるようにする ········ 86

CHAPTER 3 Retrieval - 未知のデータを扱えるようにする

01 言語モデルが未知のデータを扱えるようにするためには ⋯⋯ 90
　知らない情報に基づいた回答ができる仕組み ⋯⋯⋯⋯⋯⋯⋯⋯ 90
　回答に必要な文章を探す方法が重要 ⋯⋯⋯⋯⋯⋯⋯⋯⋯⋯⋯ 92
　類似文章を検索するために必要なベクトル化とは ⋯⋯⋯⋯⋯⋯ 92
　言語モデルを使ってテキストをベクトル化する ⋯⋯⋯⋯⋯⋯⋯ 93
　ベクトルの類似度を検索する ⋯⋯⋯⋯⋯⋯⋯⋯⋯⋯⋯⋯⋯⋯ 93
　ベクトルの類似性検索でRAGを組み込む具体的な手順 ⋯⋯⋯⋯ 96
　事前準備 ⋯⋯⋯⋯⋯⋯⋯⋯⋯⋯⋯⋯⋯⋯⋯⋯⋯⋯⋯⋯⋯⋯ 97
　検索とプロンプト構築 ⋯⋯⋯⋯⋯⋯⋯⋯⋯⋯⋯⋯⋯⋯⋯⋯⋯ 99

02 与えたPDFをもとに回答するチャットボットを作る ⋯⋯⋯⋯ 101
　PDFから文章を読み込む ⋯⋯⋯⋯⋯⋯⋯⋯⋯⋯⋯⋯⋯⋯⋯ 101
　文章を分割する ⋯⋯⋯⋯⋯⋯⋯⋯⋯⋯⋯⋯⋯⋯⋯⋯⋯⋯⋯ 104
　分割した文章をベクトル化し、データベースに保存する ⋯⋯⋯ 106
　ベクトルデータベースで検索を実行する ⋯⋯⋯⋯⋯⋯⋯⋯⋯ 109
　検索結果と質問を組み合わせて質問に答えさせる ⋯⋯⋯⋯⋯ 112
　チャット画面を作成する ⋯⋯⋯⋯⋯⋯⋯⋯⋯⋯⋯⋯⋯⋯⋯ 115
　チャット画面から質問を入力できるようにする ⋯⋯⋯⋯⋯⋯ 119
　チャット開始時にファイルをアップロードできるようにする ⋯⋯ 121

03 RetrievalQAを使ってQAシステムの構築を楽にする ⋯⋯ 129
　RetrievalQAとは ⋯⋯⋯⋯⋯⋯⋯⋯⋯⋯⋯⋯⋯⋯⋯⋯⋯⋯ 129
　RetrievalQAを使ってコードを簡単に ⋯⋯⋯⋯⋯⋯⋯⋯⋯⋯ 129

04 用意されたRetrieversを使ってWikipediaを情報源にする 135
　Retrieversはドキュメントを検索する機能のセット ⋯⋯⋯⋯⋯ 135
　Retrieversでどのような検索を行うかコントロールする ⋯⋯⋯ 141

CHAPTER 4 Memory - 過去の対話を 短期・長期で記憶する

01 言語モデルにおける会話とはなにか ………………………… 150

HumanMessageとAIMessageを交互に繰り返して会話する …………… 150

02 文脈に応じた返答ができるチャットボットを作成する …… 154

Chat modelsで会話履歴をもとにした返答をさせる ………………… 154

ConversationChainを使って処理をわかりやすく ………………… 160

03 履歴をデータベースに保存して永続化する ……………… 163

データベースに保存することで会話履歴を永続化できる ………… 163

データベースを準備する ………………………………………… 163

環境変数にRedisの情報を設定する ………………………… 165

Redisを使って会話を永続化できるようにする ………………… 166

04 複数の会話履歴を持てるチャットボットを作成する ……… 170

セッションIDを差し替えて、会話履歴を切り替える ………… 170

05 非常に長い会話履歴に対応する …………………… 176

会話履歴が長くなりすぎると言語モデルを呼び出せない ………… 176

古い会話は削除する ………………………………………… 177

会話を要約することでトークン数制限に対策する ………… 178

CHAPTER 5 | Chains - 複数の処理をまとめる

01 複数の処理をまとめることができる ‥‥‥‥‥‥‥‥‥‥‥‥‥ 182
　　Chainsは一連の処理をまとめられる ‥‥‥‥‥‥‥‥‥‥‥‥‥ 182

02 複数モジュールの組み合わせを簡単にするChains ‥‥‥‥‥ 184
　　LLMChainを使って複数のモジュールをまとめる ‥‥‥‥‥‥‥‥ 184
　　ConversationChainで記憶を持ったアプリケーション開発を簡単にする‥ 186
　　Chainsでどのような処理が行われているか詳しく表示する ‥‥‥ 187

03 特定の機能に特化したChains ‥‥‥‥‥‥‥‥‥‥‥‥‥ 189
　　特定のURLにアクセスして情報を取得させる ‥‥‥‥‥‥‥‥‥ 189

04 Chains自体をまとめる ‥‥‥‥‥‥‥‥‥‥‥‥‥‥‥‥ 193
　　Chains自体を順番に実行するSimpleSequentialChain ‥‥‥‥‥ 193

CHAPTER 6 | Agents - 自律的に外部と干渉して言語モデルの限界を超える

01 外部に干渉しつつ自律的に行動できるAgents ·················· 198
  言語モデルに道具を持たせることができる ···················· 198
  与えられたURLから情報を取得できるようにする ················ 200

02 Toolを追加してAgentができることを増やす ·················· 206
  Agentができることは渡しているTool次第 ···················· 206
  環境変数にSerpApiのAPIキーを設定する ···················· 207
  google-search-resultsをインストールする ·················· 208

03 Toolを自作して機能を拡張する ···························· 216
  Toolを自作して、できることの幅をさらに広げる ················ 216

04 Retrieversを使って文章を検索できるToolを作成する ····· 223
  RetrieversはToolに変換できる ···························· 223

05 文脈に応じた返答ができるAgentを作成する ·················· 229
  会話履歴を保持したAgentを作成する ························ 229

CHAPTER 7 | Callbacks – さまざまな イベント発生時に処理を行う

01 Callbacksモジュールでできることを知る ····················· 238
　ログの取得やモニタリング、他アプリケーションと連携できる ··········· 238

02 Callbacksモジュールを使って外部ライブラリと連携する ·· 239
　用意されているクラスを使うことで外部ライブラリと連携できる ··········· 239

03 ログをターミナルに表示できるCallbacksを作成する ········ 243
　Callbacksモジュールを自作して、イベント発生時に処理を実行する ······ 243

APPENDIX　LangChainをより深く学ぶヒント

01 公式ドキュメントのユースケースから学ぶ ························ 248
　公式ドキュメントの見方 ·· 248
　Code understanding ··· 249
　Tagging ·· 249

02 LangChainの公式ブログや、
　そのほかのソースをチェックする ································ 250
　LangChain公式ブログ ······································ 250
　awesome-langchainでLangChainにまつわる情報を収集する ·········· 251
　LangChainと連携できる言語モデルや外部システムを確認する ··········· 251

　索引 ·· 253

CHAPTER

1

ChatGPTと
LangChain

section
01

ChatGPTや
言語モデルについて知る

💬 言語モデルの基本を
押さえよう

ChatGPTとはOpenAIが開発した会話形式でやりとりしながら文章などが生成できるAIです。まずChatGPTや言語モデルについて学びましょう。

ChatGPTとはなにか

OpenAIによって2022年11月に公開されたChatGPTは、AIとの対話が可能なWebサービスです。人間が行うかのような自然な応答ができ、翻訳などのタスクを非常に高精度で行えることから話題になりました。リリースから数ヶ月で、1億人以上のユーザーを獲得したといわれており、驚異的な速度でユーザー数が増加しました。

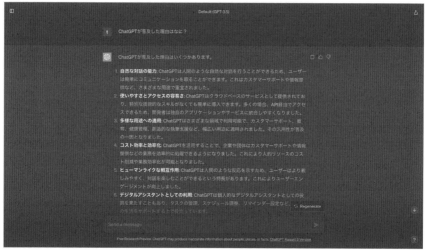

ChatGPTは人間と対話しながらさまざまなタスクを行えるWebサービス
https://chat.openai.com/

ChatGPTで使われているGPTとは

ChatGPTには、OpenAIが開発した言語モデルであるGPTという技術が使われています。言語モデルとは人間の言語（自然言語）をコンピュータに理解させ、それをもとにテキストを生成するためのアルゴリズムやプログラムのことを指します。

　自然言語を扱うAI（人工知能）は以前から存在していました。たとえば文章を翻訳する翻訳AI、受信したメールを文面から迷惑メールか判定する迷惑メールフィルター、文字変換予測などです。

　従来は用途ごとに各モデルを用意する必要がありましたが、GPTは大量かつさまざまな種類のテキストで学習するなどしてさまざまなタスクへの対応が可能になった言語モデルです。

　OpenAIはこのGPTをAPIで公開しており、自身で作成したアプリケーションから利用できるようになっています。

OpenAIのAPIから利用できる代表的な2種類の言語モデル

　OpenAIが開発している代表的な言語モデルは、大きく2つに分類され、それぞれ「Chat」と「Complete」という名前で呼ばれています。これらはそれぞれ特有の機能と目的を持ち、インターフェイスも異なります。

　「Chat」モデルは対話形式のやりとりの生成に特化しています。具体的には、ユーザーの質問やコメント、意見などに対する回答を生成し、それらの回答をもとに対話を行うことが可能です。その結果、ユーザーとAIとの自然な対話が可能となります。このタイプのモデルはChatGPTのようなアプリケーションで使用されています。

　「Complete」モデルは、与えられたテキストの続きを生成します。ある程度の情報やストーリーの始まりを与えると、それをもとにテキストを自動的に補完できます。たとえば、文章の最初の数文を与えると、その続きのストーリーや、論理的な結論を導き出すことが可能です。

　これら2つのモデルは、それぞれ異なる場面で使われます。

Chatで利用できるモデルについて

　GPTには複数のバージョンが存在しており、GPT-1、GPT-2、GPT-3、GPT-3.5、GPT-4とリリースされてきました。

　執筆時点において、Chatで利用が推奨されているバージョンはGPT-3.5系とGPT-4系の2種類になります。どちらも概ね同じタスクをこなせますが、性能（パラメータ数）と扱える入力データの種類に違いがあります。

　GPT-4はGPT-3.5に比べて非常に多いパラメータ数で学習されており、高い精度で高度な処理を行えます。また、GPT-3.5が処理できる入力はテキストのみですが、GPT-4では画像入力への対応など、マルチモーダル（異なる種類のデータを扱うこと）に対応しています。

GPT-4、GPT-3.5どちらもAPIから利用できますが、OpenAIが提供するGPT-4のAPIはGPT-3.5より利用料金が高く設定されています。今回紹介する用途では第6章のAgentsを除き、GPT-3.5で十分な性能を引き出せるため、本書の解説では基本的にGPT-3.5を利用します。

　このGPT-3.5系列には以下のモデルが存在します。

・gpt-3.5-turbo
・gpt-3.5-turbo-16k
・gpt-3.5-turbo-16k-0613
・gpt-3.5-turbo-0613
・gpt-3.5-turbo-0301

　これらのモデル名をAPIを呼び出す際に指定することで、そのモデルを使った結果を得られます。最適なモデルを選択・利用することで、より適切な結果を得ることができます。

モデルを選ぶときはコンテキスト長を検討する

　gpt-3.5-turbo-16kは、16k（16,000）のコンテキスト長が扱えることを意味します。コンテキスト長とはモデルが一度に処理できるテキストの長さ（トークン数）のことを指します。現在のChatモデルはこのコンテキスト長を超えるテキストを処理できず、それ以上の長さのテキストは入力できません。16kがつかない通常のモデルは4k（4,000）までなので、16kのコンテキスト長を持つモデルであればその4倍の長さのテキストを処理できます。そのため、長文の解析や生成に適しています。

　gpt-3.5-turbo-16kは、gpt-3.5-turboと比較してAPIの利用料金が高いですが、gpt-3.5-turboでコンテキスト長の制限を超える場合には利用を検討しましょう。

モデルの更新について

　GPT-3.5、GPT-4のアップデートは「増分更新」という形式で行われています。「増分更新」とは、少しずつ機能を追加や改善する方法で、全体の機能改善に時間をかける代わりに、短期間で繰り返し改善を加える開発手法です。ユーザーは常に最新のモデルを使用することが可能となり、結果的により高品質な体験を提供できます。

　gpt-3.5-turbo、gpt-3.5-turbo-16kなどの後ろに4桁の数字が入っていないモデルは最新のモデルであることを意味します。これらのモデルはアップデートが行われた場合は自動で更新されるということになります。

4桁の数字が後ろについている場合（gpt-3.5-turbo-0613など）は、特定のバージョンを固定したもので、それ以降のアップデートが反映されません。これらの固定バージョンのモデルは、特定の結果が必要な場合や、アップデートによる結果の変動を避けたい場合に使用されます。

基本的に最新のモデルが一番精度がよいとされていますが、使用方法によっては古いバージョンのモデルがよりよい結果を示すこともあります。実際にGPTを使ったアプリケーションを開発する際にモデルのアップデートによる精度の変化を防ぐためにバージョンを固定することも検討するとよいでしょう。

Completeで利用できるモデル

執筆時点では、Completeで利用できるモデルはGPT-3.5系のみでGPT-4系は存在しません。

Completeでは以下のモデルが存在します。

・gpt-3.5-turbo-instruct
・davinci-002
・babbage-002

gpt-3.5-turbo-instructは、さまざまなタスクに対して最も汎用性が高いとされています。問題解決、文章生成、質問応答、対話生成など、さまざまな用途で利用できます。

本書ではgpt-3.5-turbo-instructを使用します。

davinci-002、babbage-002は特定のタスクに向けに開発者が訓練することが可能なモデルですが、今回は対象としません。

APIの料金について

OpenAIのAPIは、使用量により料金が加算される従量課金を採用しています。ここでの使用量とはAPIの呼び出し回数ではなく、利用した「トークン」の数に基づきます。

「トークン」は、言語モデルが情報を処理する際の最小単位を指します。言語によりこの単位は異なり、たとえば英語では1単語が1トークンに相当しますが、日本語は英語よりトークン数が多くなる傾向があり、1文字1〜2トークン程度となることが多いようです。

料金は、送信した入力トークンと受け取った出力トークンの両方に対して発生します。入力トークンはAPIに送る文章の長さによって計算され、つまり日本語で1,000文字の文章を送信すれば、1,000〜2,000トークン程度の入力トークンによる課金が発生します。同様に、出力トークンはAPIからの返答文の長さによって計算されます。

　トークン単位の料金は、使用する言語モデルにより異なります。本書で主に紹介する"gpt-3.5-turbo"モデルを例に挙げると、入力トークンは1,000トークンあたり$0.0005、出力トークンは1,000トークンあたり$0.0015となります。そのほかのモデルを利用する際は公式ドキュメントを確認しましょう。

　新規にOpenAIのAPIを利用する際には、最初の3ヶ月間に$5の無料クレジットが付与されますが、クレジットカードの登録を行うとこの無料枠は無効化されてしまいます。OpenAIのAPIの利用が初めてで、API利用料金を抑えたい場合はクレジットカードの登録をしないで使用するとよいでしょう。

▌OpenAI以外の言語モデルを知る

　言語モデルはさまざまな企業、団体が開発しています。ここでは、OpenAI以外の言語モデルをざっと眺めてみましょう。

　まずはOpenAIの元メンバーが設立したAnthropicが開発したClaude 2という言語モデルを紹介します。

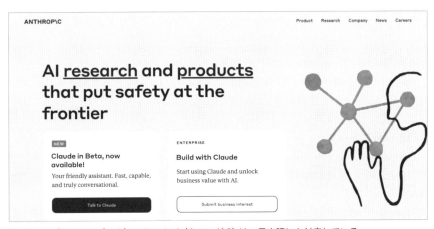

Anthropic（アンスロピック）のClaude 2（クロード2）は、日本語にも対応している
https://www.anthropic.com/

　Claude 2の最大の特徴はコンテキスト長の長さです。GPT-3.5で使用できるコン

テキスト長は最も長いもので16kトークンですが、Claude 2では100k（100,000）トークンと非常に長いです。ここまで長いと、たとえば1つのプロジェクトすべてのソースコードを生成したうえでバグを修正するなど、GPT-3.5では不可能な用途で利用できる可能性があります。Claude 2もGPTと同様に活発なアップデートが行われており、今後が期待されています。

　InstagramやFacebookを運営するMetaではLlamaという言語モデルが開発されています。Llamaの特徴はオープンソースで開発され、モデルも公開されているので自分好みにカスタマイズ可能であることです。

Metaが開発する言語モデルLlama（ラマ）のWebページ。執筆時点の最新版はLlama 2
https://ai.meta.com/llama/

　GPT-3.5やClaude 2はAPIが提供され言語モデル自体をカスタマイズすることは基本的に不可能ですが、Llamaなら可能になります。すでに有志の手によって、さまざまな派生バージョンが開発されています。たとえば本来のコンテキスト長である4kを16kに拡張したり、日本語で質問しても英語で返してしまう傾向を改善させたりすることができています。このようなユーザーの手による言語モデル自体の改善はOpenAIなどのクローズドな言語モデルにはできないので今後の成長が期待されています。

poe.com でさまざまな言語モデルを試す

poe.com とは Quora（クォーラ）というアメリカの企業が運営するさまざまな言語モデルを使えるサービスです。Quora で利用できる言語モデルを 2 つ紹介します。

1 つめは Meta が開発する Llama 2 です。ソースコードだけでなく学習されたパラメータ数が異なるいくつかのモデルが用意されており、70 億、130 億、700 億それぞれのパラメータ数で学習されたモデルが公開されています。Meta のサイトからダウンロードすれば手元のコンピュータで言語モデルを動作させられます。

言語モデルのパラメータ数とは、AI の「脳」にあたる部分の細かさや複雑さを示す数字です。パラメータ数が増えるほど言語モデルの性能はよくなる傾向にありますが、コンピュータに高い処理性能が必要となります。目安の例としては、70 億パラメータだと高性能な MacBook Pro でも動作させられますが、700 億パラメータのモデルは大学の研究室やデータセンターなどで使われる高性能なコンピュータでないと動作させることが困難です。しかし poe.com を使えば Web 上で利用できます。

ほかには Google が開発した Gemini、中国のアリババ社が開発した Qwen、フランスの Mistral AI 社が開発した Mixtral 8x7B など数多くの言語モデルが利用できます。

言語モデルごとの得意不得意を実感できる数少ないサイトなのでぜひ触ってみることをおすすめします。

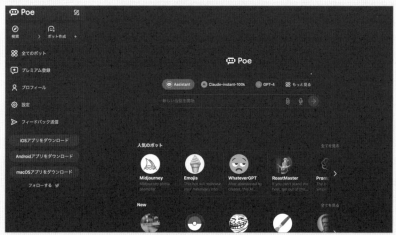

poe.com のチャット画面。入力窓の部分でモデル（ボット）を選んで会話ができる
https://poe.com/

#LangChain ／ #ライブラリ

section 02 LangChainの概要

LangChainは開発を効率化するツール　LangChainは言語モデルを使ったアプリケーションを開発するのを手助けするライブラリです。どのようなことができるのか全体像をつかみましょう

言語モデルを使ったアプリケーション開発

　GPT-3.5などの高性能な言語モデルの登場により、従来の手続き型のプログラミングでは難しかった機能の開発が手軽に行えるようになりました。

　たとえば、コンピュータが自然言語を理解し、語尾を変えたり文章の表現を整えたりするような処理は従来だと非常に難易度が高く、専門の知識を必要とします。それが、GPT-3.5などの言語モデルを使用すれば「以下の文章を高校生でもわかるようにわかりやすく書き直して」などと指示するだけで実現できるようになりました。

　しかし、言語モデルだけでは実現できないタスクもあります。たとえば、学習した知識の範囲外の情報について回答させることはできませんし、論理的に複雑すぎるタスクには対応できず、結局できることはテキストのやりとりのみです。

　これらの限界を超えるための手法も生み出されています。たとえば、言語モデルが知らない情報について答えさせるRetrieval-Augmented Generation（RAG）、推論と行動を言語モデル自身に判断させることでネット検索やファイルへの保存を自律的に実行させられるReasoning and Acting（ReAct）などがあります。

　これらの手法を使い、目的に合った機能を開発することが「言語モデルを使ったアプリケーション開発」になります。本書では、LangChainの使い方を学びつつ言語モデルの使い方を工夫することより、どのようなことができるのかを見ていきましょう。

LangChainで言語モデルを使ったアプリケーション開発を簡単に

　LangChainは、言語モデルを活用したアプリケーション開発をサポートするオープンソースのライブラリです。更新が頻繁に行われ、活発に開発が進められています。あくまで、LangChainは言語モデルではなく開発を手助けするライブラリなので、外部の言語モデルと組み合わせて使用します。

　OpenAIの言語モデルはAPIを通じて簡単に利用できますが、APIを呼び出すだけでは複雑なアプリケーションを開発するのは困難です。そこでLangChainを使うことで複雑なアプリケーションを手軽に開発できます。前に説明したRAGやReActな

どの手法を用いた開発も、LangChainを通じて簡単に実装することが可能です。

　LangChainとOpenAIのような高度な言語モデルを組み合わせることで、単にテキストを生成するだけではなく、自然言語を理解し、特定の問題に対する回答を生成したり、特定の環境下で動作したりするアプリケーションを開発するなど、従来の手続き型プログラミングでは困難だった作業を効率的に行うことが可能となります。

▌ LangChainに用意されている6つのモジュール

　LangChainには6つのモジュールが用意されています。これらのモジュールは各々できることが異なります。単独でも使えますが、複数組み合わせることで複雑なLLM（大規模言語モデル）アプリケーションを効率よく作れるようになります。

Model I/O - 言語モデルを扱いやすくする

　言語モデルを使ったアプリケーションを開発するには言語モデルを呼び出す必要があります。言語モデルを呼び出すためには入力である「プロンプトの準備」、「言語モデルの呼び出し」、「結果の受け取り」という3つのステップが必要になります。Model I/Oモジュールではこの3つのステップを簡単に実装するための機能を提供します。

　このモジュールだけでできることはそこまで多くないですが、ほかのモジュールと組み合わせることで真価を発揮します。

Retrieval - 未知のデータを扱えるようにする

　前に説明した通り、言語モデルには未知の情報を扱えないという問題が存在しますが、Retrievalモジュールではこの問題に対応するRetrieval-Augmented Generation（RAG）によってこれらの問題を解決します。

　このモジュールを使うことで手元のPDFファイルについて質問したり、数百万件のQ＆Aが保存されたCSVファイルに基づいてカスタマーサポートができるチャットボットなどを作成したりできます。

Memory - 過去の対話を短期・長期で記憶する

　前の文脈を踏まえた対話形式で言語モデルに回答させるには、それまでの会話をすべてAPIへ送信する必要があります。このような機能を実現するためには過去の会話をデータベースなどに保存し、言語モデルを呼び出すときに読み込む必要があります。Memoryモジュールではこのような会話履歴の保存と、読み込みを簡単にする機能を提供します。

　このモジュールを使うことでChatGPTのようにユーザーが複数のスレッドを持ち、それぞれの会話履歴に基づいた返答を返すことができます。

Chains - 複数の処理をまとめる

　LangChainでは多数のモジュールや別の機能を組み合わせつつ1つのアプリケーションを作成しますが、Chainsモジュールはこの組み合わせを簡単にする機能を提供します。

　あくまで組み合わせることが目的のモジュールなので、単体で使うことは基本的にはできません。

　実際に言語モデルを使ったアプリケーションを開発する際に使うモジュールが1つであることは少ないです。Chainsモジュールを使うことで別のモジュールにまたがった複雑な機能開発を簡単に行うことができます。

Agents - 自律的に外部と干渉して言語モデルの限界を超える

　Agentsモジュールでは主にReActやOpenAI Function Callingという手法を使い、言語モデルの呼び出しでは対応できないタスクを実行させられます。

　言語モデルの入力と出力はテキストなので、言語モデル単体ではテキストを送信し、テキストを受け取る以上のことはできません。たとえば「北海道の名産品を調べて結果をresult.txtというファイルに保存する」といったタスクを実行させるには、Webページやデスクトップのファイルなど外部データに言語モデルが干渉する必要があります。

　Agentsモジュールではこのように外部と干渉し、さまざまなタスクを実行させることができます。

Callbacks - さまざまなイベント発生時に処理を行う

　Callbacksモジュールでは、LangChainを使って作成したアプリケーションでのイベント発生時に処理を実行する機能を提供します。単体では使用できず、ほかのモジュールと組み合わせることが前提となっています。主にログ出力や外部ライブラリとの連携で使われます。

Column

LangChain には Python 版と TypeScript 版が存在する

LangChain には Python 版と TypeScript 版の 2 つのバージョンが存在します。

LangChain はもともと Python で開発されていました。Python は、データサイエンスと機械学習の分野だけでなく、Web 開発でも広く使われている言語です。

LangChain の Python 版は機械学習モデルを構築・訓練するために Python のエコシステムを最大限に活用できるだけでなく、一般的な活用も可能です。

TypeScript は、Web 開発で広く使われており、フロントエンドのエンジニアにとって使いやすいかと思います。LangChain の TypeScript 版は Web フロントエンドで使われることが多い Next.js と組み合わせて使うことで簡単に GPT と連携したアプリケーションを作成できます。

現状、LangChain は Python 版から開発が進み、TypeScript 版がそれに追従するような形になっています。そのため Python 版でのみ使える機能が多く存在します。また、Python 版は TypeScript 版に比べてインターネット上の情報が多く、問題が起きたときに解決しやすいというメリットもあります。

そのため、Next.js などのフロントエンドに組み込む前提でもまずは Python 版でどのように使うことができるのか学んでいきましょう。

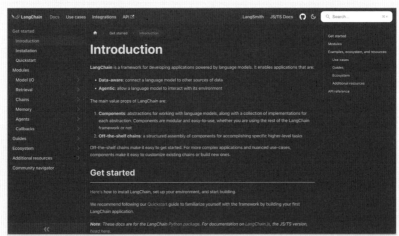

LangChainの公式ドキュメント (Python版)。JavaScript / TypeScript版は右上の [JS/TS Docs] から表示できる
https://python.langchain.com/docs/get_started/introduction.html

#LangChain ／ #アプリケーション開発

section 03
LangChainを使ったアプリケーションの例

💬
**本書で作る
アプリの1つをご紹介**

LangChainではどのようなアプリケーションが作成できるのでしょうか。本書で作成するアプリケーションを見ていきましょう。

PDFについて質問できるチャットボット

　本書の第3章では、Retrievalモジュールを使って、言語モデルが知らない情報について書かれているPDFを読み込ませて質問したり要約させたりできるチャットボットアプリケーションを作成します。

　たとえば自社のサービスに関するQ&Aサイトなどで、質問に対してアップロードしたPDFの情報をもとに回答を生成するといった用途に活用できます。

この例ではchainlitという外部サービスと組み合わせて、PDFファイルをアップロードするUIを実装する

　以下の（架空の）「空を飛ぶ車に関する法律」について書かれているPDFファイルについて「空を飛ぶ車の最高速度を教えてください。」と質問すると以下のように答えが返ってきます。

　言語モデルはPDFの内容について知りませんが、Retrievalモジュールを使うことでRetrieval-Augmented Generation（RAG）という手法を使い、アップロードしたPDFの情報に基づいた返答ができるようになります。

ファイルへの干渉やインターネット検索ができるチャットボット

　また、第6章ではAgentsモジュールを使って以下のような、言語モデル単体ではできないインターネット検索やファイルへの保存ができるチャットボットアプリケーションを作成します。

北海道の名産品を調べて結果をresult.txtというファイルに保存してください。

　するとインターネット検索を実行したうえで、以下の内容でテキストファイルが作成されます。

北海道には、鮭やホタテ、昆布などの海産物、牛肉や乳製品、じゃがいもなどの農産物ともに、日本国内トップクラスの生産量を誇る特産品がたくさんあります。

　このように、Agentsモジュールでは Reasoning and Acting（ReAct）やOpenAI Function Callingという手法を使い、言語モデル自身に自律的に判断させ言語モデル単体ではできないタスクを達成できるようにします。

ChatGPT のプラグイン機能との関係について

GPT で PDF について説明したり、Web から検索したりできると聞いて、ChatGPT のプラグイン機能を思い浮かべた方も多いのではないでしょうか。

ChatGPT Plus プランだとプラグイン機能が
使えるようになる

月額 $20 で加入できる ChatGPT の Plus プランだと新しいバージョンである GPT-4 に加えてプラグイン機能が使えるようになります。プラグイン機能とは、ChatGPT の能力をさらに拡張するためのツールです。外部 API との連携を通じて、ChatGPT 単独では達成できないタスクを実現できます。たとえば、Web からの情報検索を組み合わせて最新情報に基づいた回答を提供する「Browsing プラグイン」や、旅行計画を提案し滞在地や観光スポットを提示する「Expedia プラグイン」、PDF をアップロードしてその内容について質問するプラグインも存在します。

これらの ChatGPT の機能は LangChain と重複している点があります。LangChain と ChatGPT はどのように違うのでしょうか？　大きな点として、ChatGPT はエンジニアではないユーザーも使える一方、LangChain は開発者向けのツールであるという違いがあります。ChatGPT は 2023 年 7 月現在 Web サイト、公式のアプリから利用できます。ChatGPT は結局のところは一般ユーザー向けなのでこれらの準備された手段でしか利用できません。一方 LangChain は開発者向けです。組み込み次第で ChatGPT とは比べ物にならないような機能も作成できます。たとえば、PDF への質問は ChatGPT、LangChain どちらでも対応できます。しかし、生成された結果をファイルに保存したり、Google ドライブにアップロードしたりすることは ChatGPT ではできません。組み込み次第では、Google カレンダー、Gmail から情報を取得し、毎朝 Slack で今日の予定とやることリストを提案させるようなことも可能になります。

このように LangChain はプログラミングと組み合わせられるので、幅広い活用方法が存在します。LangChain を勉強して、自分だけのアプリケーションを作れるようになってみましょう。

#Python ／ #実行環境 ／ #VS Code

本書の実行環境について

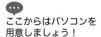

**ここからはパソコンを
用意しましょう！**

LangChainを使った開発をするためには開発環境の準備、APIキーの取得など
が必要です。ここでは開発をするための準備を行っていきましょう。

Pythonの実行環境を整える

　LangChainを実行するためにはPythonが必要になります。Pythonには2系と3
系の大きく2つのバージョンが存在しますが、本書では3系を使用します。また、
Pythonを実行する環境にはVisual Studio Codeを使います。以降、Windowsと
macOSそれぞれの場合の実行環境の設定を解説します。すでに設定済みの場合は33
ページの「OpenAIのAPIキーを取得する」へ進んでください。

Windowsの場合

　まずは、[スタート] メニューからMicrosoft Storeを開きます。

[Microsoft Store] を
クリック

　Microsoft Storeが開いたら「python3」と入力して検索します。下の画面が表示さ
れたら [Python 3.11] をクリックして、詳細ページで [入手] をクリックしてインス
トールしましょう。

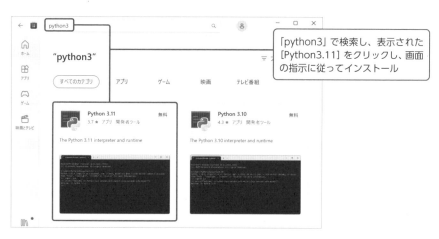

「python3」で検索し、表示された
[Python3.11] をクリックし、画面
の指示に従ってインストール

次は開発環境である、Visual Studio Code（以下、VS Code）をインストールします。
VS Codeは以下URLから無料でダウンロードできます。

・Visual Studio Codeのダウンロードページ

https://azure.microsoft.com/ja-jp/products/visual-studio-code

このページの［Visual Studio Codeをダウンロードする］をクリックしましょう。

すると、実行する環境を選択する画面が開くので［Windows］を選択しましょう。

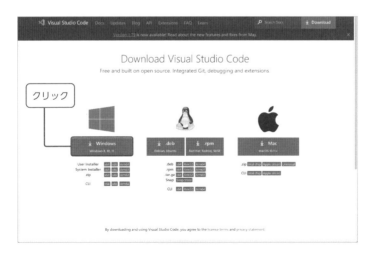

次に、エクスプローラーを開いてダウンロードディレクトリを開きましょう。

「VS CodeUserSetup-arm64-1.79.2.exe」のようなファイル名でダウンロードされるので完了したら実行しましょう。ウィザードに従ってVS Codeのインストールを完了させます。VS Codeを起動して以下のような画面が出るか確認しましょう。

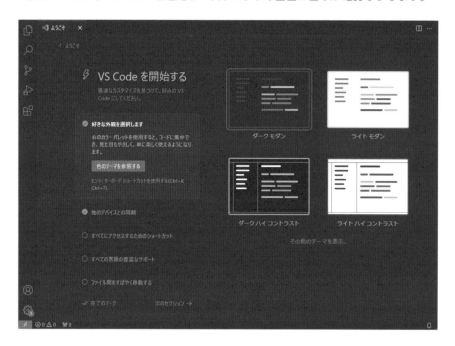

次に本書で作成するソースコードを保存するためのディレクトリを作成します。デスクトップで右クリックをして［新規作成］から新しいフォルダを作成し、「langchain_book」という名前をつけましょう。本書では、このディレクトリで作業を行います。

以上でVS CodeでPythonを実行する環境の準備ができました。

macOSの場合

macOSにははじめからPythonがインストールされていますが、本書ではPython 3.11系を使って解説します。以下URLの「macOS 64-bit universal2 installer」をクリックしてください。

・Pythonのダウンロードページ
https://www.python.org/downloads/release/python-3114/

　すると「python-3.11.4-macos11.pkg」のようなファイル名でpkgファイルがダウンロードされます。ダウンロードが完了したら、pkgファイルを開き指示に従いインストールを進めていきましょう。

　次は開発環境である、Visual Studio Code（VS Code）をインストールしましょう。VS Codeは以下URLから無料でダウンロードできます。

・Visual Studio Codeのダウンロードページ
https://azure.microsoft.com/ja-jp/products/visual-studio-code

　このページの［Visual Studio Codeをダウンロードする］をクリックしましょう。

　すると、実行する環境を選択する画面が開くので［Mac］を選択しましょう。

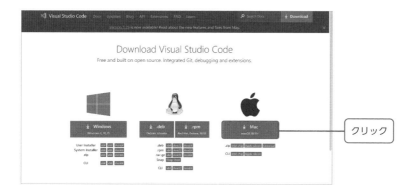

　次に、Finderを開いてダウンロードディレクトリを開きましょう。「VS Code-darwin-universal.zip」がダウンロードされるので完了したら開いて解凍します。す

ると［Visual Studio Code］ファイルが作成されているので、このファイルを［アプリケーション］フォルダに移動しましょう。

　これで、VS Codeのインストールが完了しました。VS Codeを起動して以下のような画面が出るか確認しましょう。

　次に本書で作成するソースコードを保存するためのディレクトリを作成します。デスクトップで右クリックをして［新規フォルダ］を選択して、「langchain_book」という名前をつけます。本書では、このディレクトリで作業を行います。
　以上でVS CodeでPythonを実行する環境の準備ができました。
　［アプリケーション］フォルダの［ユーティリティ］フォルダにある［ターミナル］

アプリで、以下のコマンドを入力して「Python 3.11.4」などのバージョンが表示されたらインストール完了です。

```
python3 --version
```

もし、「"python3"コマンドを実行するには、コマンドラインデベロッパツールが必要です。」といったメッセージが表示されたら、メッセージダイアログボックスで[インストール]をクリックして、インストールしましょう。メッセージが表示されない場合やうまく動作しない場合などは以下のコマンドでコマンドラインデベロッパツールをダウンロードしましょう。

```
xcode-select --install
```

コマンドラインデベロッパツールとはmacOS上でソフトウェア開発をするための一連の機能です。このツールをインストールすることでPythonやその他のソフトウェア開発に必要な言語やツールを使用できるようになります。

VS CodeでPythonを使った開発を楽にする拡張機能

VS Codeは初期設定のままでも使えますが、開発する言語に合わせた拡張機能をインストールすることでより使いやすくなります。今回はソースコード解析を行い、入力の補完などさまざまな便利な機能を使用できる「Pylance」をインストールしましょう。

どんなプロパティや引数があるかを提案してくれて便利なのでぜひインストールをしましょう。VS Codeでは左メニューの拡張機能アイコンをクリックすることで拡張機能の検索、インストールが可能です。

拡張機能検索画面を表示し、「pylance」と入力しましょう。

次ページの画面のようにインストールボタンが表示されるのでクリックし、インストールを行います。

これでインストールは完了ですが、自動インポートを有効にすることで、入力頻度が高いimport文を自動で追加する設定にできます。

[拡張機能] をクリックして
「pylance」を検索

[インストール] をクリック

歯車アイコンをクリックし、[拡張機能の設定] をクリックしましょう。
すると設置画面が開くので、[Auto Import Completions] を有効にしましょう。

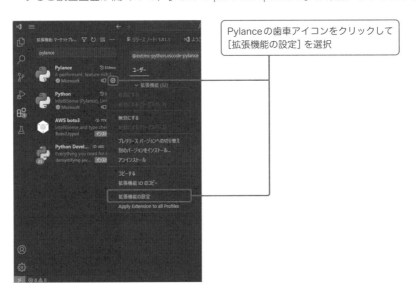

Pylanceの歯車アイコンをクリックして
[拡張機能の設定] を選択

[Auto Import Completions] に
チェックを入れる

　こうすることで、下の画面のようにインポートされていないクラス名を入力したときに候補が表示されるようになります。

候補が表示される

　決定すると以下のようにimport文が追加されます。

import文が自動で追加される

　このようにimport文が自動で挿入されることで、打ち間違いによるエラーを大幅に減らせます。

OpenAIのAPIキーを取得する

　OpenAIの言語モデルを使うためにはAPIキーを取得する必要があります。まずは、OpenAIのAPIページへアクセスしましょう。

・OpenAI API

https://openai.com/blog/openai-api

　ページを開いたら［Sign up］をクリックします。すると下のような画面が開き、EmailやGoogleなどさまざまな方法で登録できます。使いやすい方法で登録してください。

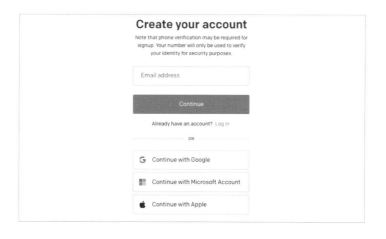

登録が完了したら [API] をクリックして Welcome to the OpenAI platform のページを開き、右上のアイコンから [View API Keys] を選択します。

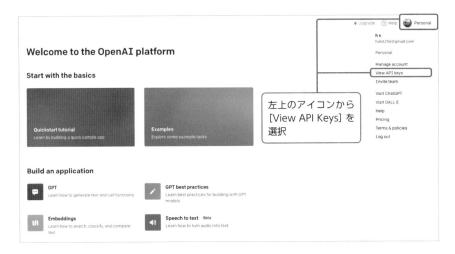

下のような API keys の画面が表示されるので、[Create new secret key] をクリックします。するとウィンドウが開くので「langchain_book」と名前をつけて [Create secret key] をクリックします。このあと表示される sk- から始まる文字列が API キーです。必要に応じてコピーし、[Done] をクリックします。

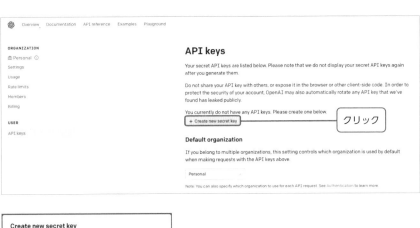

API keysの画面にAPIキーが追加されたことを確認しましょう。

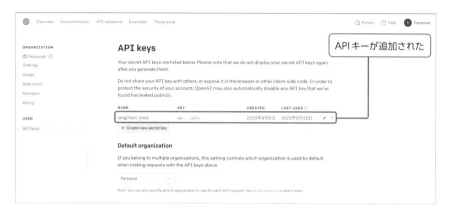

　APIキーはアプリケーションとサービスが通信するためのパスワードのようなものです。キーが漏洩すると、悪意のある第三者が不正な操作を行ったり、その結果想定外の費用が発生したりすることもあります。そのためAPIキーは他人から見られる恐れのある場所には絶対に置かないでください。

環境変数にAPIキーを設定する

　次にAPIキーを環境変数に設定しましょう。環境変数とは、コンピュータ内で定義された変数のことで、プログラムやシステムが動作する際に使用されます。たとえばプログラムの振る舞いを変更するフラグ、一時的なファイルの保存場所、APIキーなど機密情報の設定などで使われます。

Windowsの場合

　Windowsで一般的に使われるPowerShellでは、[System.Environment]::SetEnvironmentVariable コマンドで設定できます。[スタート]メニューで「PowerShell」を起動したら以下のコマンドを実行して、取得したAPIキーを環境変数に設定しましょう。

```
[System.Environment]::SetEnvironmentVariable('OPENAI_API_KEY',
'APIキー', 'User')
```

たとえば「sk-xxxxxxxxxxx」が取得したAPIキーなら以下のように実行してください。

```
[System.Environment]::SetEnvironmentVariable('OPENAI_API_KEY',
'sk-xxxxxxxxxxx', 'User')
```

上記コマンドを実行しただけだと、反映されません。一度PowerShellを終了し、以下のコマンドを実行して設定したAPIキーが表示されれば設定完了です。

```
echo $env:OPENAI_API_KEY
```

macOSの場合

　macOSで一般的に使われるzshでは、環境変数は通常、.zshrcファイルに記述して設定します。.zshrcファイルは、zshシェルが起動するたびに読み込まれる設定ファイルです。LangChainではOpenAIのAPIキーをOPENAI_API_KEYという環境変数から読み込みます。

　以下の手順で、OPENAI_API_KEYという環境変数を設定できます。

1. [アプリケーション] フォルダ→ [ユーティリティ] フォルダ→ [ターミナル] を開き、以下のコマンドを実行します。.zshrcファイルが存在しなければ、このコマンドでファイルが新規作成されます。

```
touch ~/.zshrc
```

2. 以下のコマンドを実行して、OPENAI_API_KEY環境変数を.zshrcファイルに追加します。APIキーの部分は、実際のAPIキーに置き換えてください。

```
echo 'export OPENAI_API_KEY="APIキー"' >> ~/.zshrc
```

たとえば「sk-xxxxxxxxxxx」が取得したAPIキーなら以下のように実行してください。

```
echo 'export OPENAI_API_KEY="sk-xxxxxxxxxxx"' >> ~/.zshrc
```

3. .zshrcファイルに変更を適用するために、以下のコマンドを実行して、zshシェルを再読み込みします。

```
source ~/.zshrc
```

4. 正しく環境変数が設定されているか確認します。

以下のコマンドを実行して設定したAPIキーが表示されれば設定完了です。

```
echo $OPENAI_API_KEY
```

▍LangChainと必要なライブラリを準備する

Pythonにはライブラリのインストールをするためのツールとして「pip」が用意されています。pipコマンドをWindowsならPowerShell、macOSなら[ターミナル]アプリで入力することで必要なライブラリのインストールを簡単に行えます。

ライブラリとは特定の機能や操作を簡単に行えるように作られたコードの集合です。Pythonには多くのライブラリが存在しています。たとえば、データ分析ライブラリの「pandas」、科学計算ライブラリの「numpy」、機械学習ライブラリの「scikit-learn」などがあります。LangChainはPythonのライブラリとして公開されています。

WindowsならPowerShell、macOSなら[ターミナル]アプリで以下のコマンドを実行しましょう。

```
python3 -m pip install langchain==0.0.261
```

このコマンドは以下のような意味になります。

python3：Pythonのバージョン3を起動するためのコマンドです。
-m：このオプションはPythonにモジュールを直接実行させるためのものです。ここではpipを実行しています。
pip：Pythonのパッケージ管理ツールで、Pythonのライブラリをインストール、アップグレード、アンインストールするためのコマンドです。
install：これはpipのサブコマンドで、指定したライブラリをインストールします。
langchain==0.0.261：これはインストールしたいPythonのライブラリ名とバージョンです。ここでは"langchain"とバージョン"0.0.261"を指定しています。

つまりこのコマンドは「Pythonのバージョン3を用いて、pipツールを使って"langchain"というライブラリをインストールする」という操作を行います。コマンドを実行すると、「Downloading〜」などとインストールのプロセスが表示され、最後に「Successfully installed〜」と表示されたら完了です。

LangChainからOpenAIの言語モデルを呼び出すためにはopenaiというパッケージも必要になるため、以下のコマンドでインストールしましょう。

```
python3 -m pip install openai==0.28
```

　以上で準備は完了です。

 作成するソースコード

本書の第2章以降で作成するソースコードは以下のURLでGitHubに公開しています。

・ソースコードのダウンロード URL
https://github.com/harukaxq/langchain-book

[Code] → [Download ZIP] をクリックしてダウンロードされたZIPファイルを解凍すると完成したソースコードを確認できます。

本書の通りに入力しても、エラーで動かず原因がわからない場合はGitHubのソースコードと見比べることで打ち間違いに気がつけるかもしれません。
また、どうしても動かない場合はソースコードをダウンロードし、実行してみることでソースコードに問題があるのか、ライブラリのインストールなどそれ以外に問題があるのかを確かめることも可能になります。
エラーで困った場合は活用して、解決できるか試してみましょう。

#OpenAI ／ #API

section
05

**OpenAIのAPIを呼び出して
動作を確認する**

💬
APIが動くか
確認しよう

LangChainを使った開発の前に、OpenAIのAPIを呼び出して動作を確認します。ここでは、LangChainを使わずAPIを呼び出してどのようなことができるのか見ていきましょう。

Chatモデルの API を呼び出してみる

　まずは、LangChainを使わずPythonのソースコードを実際に書いてみてOpenAIのAPIを呼び出してみましょう

　VS Codeを起動し、左メニューの一番上の [エクスプローラー] アイコンをクリックし、エクスプローラーを表示しましょう。

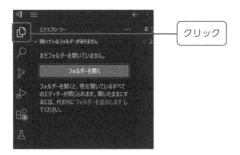

クリック

　次に [ファイル] メニューの [フォルダーを開く] をクリックし、先ほど作成したデスクトップの「langchain_book」ディレクトリを開いてください。

「langchain_book」ディレクトリを開いたら、右クリックなどで「01_setting」とい
うフォルダを作成し、[フォルダーの選択](macOSの場合は [開く]) ボタンをクリッ
クしてください。

VS Codeのエクスプローラーで、作成した「01_setting」ディレクトリを選択し、
[ファイル] メニューの [新しいテキストファイル] をクリックします。するとエクス
プローラーに新しい項目ができるので、「sample.py」と名前をつけて、以下を入力し
てください。

● sample.py

```
001 import json
002 import openai —— OpenAIが用意しているPythonパッケージをインポートする
003
004 response = openai.ChatCompletion.create(
             —— OpenAIのAPIを呼び出すことで、言語モデルを呼び出している
005     model="gpt-3.5-turbo", —— 呼び出す言語モデルの名前
006     messages=[
007         {
008             "role": "user",
009             "content": "iPhone8のリリース日を教えて"
                         —— 入力する文章(プロンプト)
010         },
011     ]
012 )
013
014 print(json.dumps(response, indent=2, ensure_ascii=False))
```

　上記のソースコードはOpenAIの「Chat」モデルである「gpt-3.5-turbo」を呼び出しています。4行目でAPIの呼び出しを実行し、modelでモデル名を指定し、messagesで送信したいメッセージを定義しています。

　8行目のroleについては次の章で解説します。

　結果はresponse変数に保存され、14行目で中身を表示しています。ここではjson.dumpsを実行して中身を見やすく変換しています。

　入力が完了したら、ソースコードを実行するためにVS Codeのターミナルを開きましょう。

ソースコードを実行する

　VS Codeの [ターミナル] メニューの [新しいターミナル] をクリックします。すると画面下側にターミナルが表示され、コマンドなどを入力できるようになります。

　ソースコードを実行するには、ソースコードが保存されているディレクトリに移動する必要があります。まずはpwdコマンドで現在のディレクトリ（カレントディレクトリ）を確認しましょう。

　上のように「pwd」と入力して [Enter] キーを押して実行すると、カレントディレクトリがどこかが表示されます。カレントディレクトリとは、コンピュータ上で作業している「現在の場所」や「現在のフォルダ」のことを指します。

　次はcdコマンドで先ほど作成した「01_setting」ディレクトリへ移動しましょう。「cd」と入力したら半角スペースを空けて「01_setting/」と入力して実行します。

　すると、カレントディレクトリが変更されます。cdコマンドで、現在のディレクトリを移動できます。次の画面は、cdコマンドを実行後、pwdコマンドで確認した状態です。

```
langchain_book$ pwd
/Users/hal/Desktop/langchain_book
langchain_book$ cd 01_setting/
01_setting$ pwd
/Users/hal/Desktop/langchain_book/01_setting
01_setting$
```

pwdコマンドで現在の
ディレクトリを確認

以上で、カレントディレクトリを「01_setting」に変更できました。

次に以下のコマンドでソースコードを実行してみましょう。

```
python3 sample.py
```

もし、以下のようなエラーが表示される場合はカレントディレクトリが間違っているか、ファイル名が間違っている可能性があるのでよく確認をしましょう。

```
can't open file 'sample.py': [Errno 2] No such file or
directory
```

正しく実行できると以下のような結果が表示されます。

```
001 {
002   "id": "chatcmpl-7hUFxkSnNxzmvbOmiCgvuy51dL4Qu",
003   "object": "chat.completion",
004   "created": 1690598765,
005   "model": "gpt-3.5-turbo-0613",
006   "choices": [
007     {
008       "index": 0,
009       "message": {
010         "role": "assistant",
011         "content": "iPhone8のリリース日は2017年9月22日です。"
012       },
013       "finish_reason": "stop"
014     }
015   ],
016   "usage": {
017     "prompt_tokens": 19,
```

```
018      "completion_tokens": 17,
019      "total_tokens": 36
020   }
021 }
```

　結果の意味を確認しましょう。

　まず2行目のidは、各呼び出しに振られるユニークなIDです。通常使うことは少ないですが、APIの呼び出しログを管理したり、特定の呼び出しを追跡したりする場合に利用します。

　3行目のobjectは、APIが返すオブジェクトの種類を示しています。この場合、"chat.completion"となっています。これは「Chat」モデルであることを表しています。

　4行目のcreatedは、APIを呼び出した時間のUNIXタイムスタンプです。UNIXタイムスタンプとは、1970年1月1日午前0時00分00秒（UTC、協定世界時）からの経過秒数を整数として表現したものです。つまり、UNIXタイムスタンプは特定の瞬間を表す数値として理解できます。ここでは1690598765となっているので、2023/07/29 11:46:05を表します。

　5行目のmodelは使用したモデルの名前を示します。呼び出し時に指定したように「gpt-3.5-turbo」が使用されているのがわかります。

　6行目のchoicesは返された結果の配列です。各選択肢にはindex、message、およびfinish_reasonの3つのキーがあります。messageのcontentにAIからの返答が入っていることがわかります。

　16行目のusageは、APIの使用状況を示しています。prompt_tokensは入力トークン数、completion_tokensは出力トークン数、total_tokensは合計のトークン数を表しています。前のセクションで解説したようにこのトークン数によって課金が行われます。

APIはパラメータをつけることで動作を変更できる

　OpenAIの言語モデルはパラメータを設定することで動作を変更させられます。

　作成した「sample.py」に代表的なパラメータを追加して動作がどのように変わるのか見てみましょう。

　「sample.py」を以下のように変更してください。

● sample.py

```
001  import json
002  import openai
003
004  response = openai.ChatCompletion.create(
005      model="gpt-3.5-turbo",
006      messages=[
007          {
008              "role": "user",
009              "content": "そばの原材料を教えて"──プロンプトを変更する
010          },
011      ],
012      max_tokens=100,──生成する文章の最大トークン数
013      temperature=1,──生成する文章の多様性を表すパラメータ
014      n=2,──生成する文章の数
015  )
016
017  print(json.dumps(response, indent=2, ensure_ascii=False))
```

　上記のソースコードを詳しく見ていきましょう。

　まず、9行目ではプロンプトを「そばの原材料を教えて」と変更しています。言語モデルに対する質問を変えることで、それに対する応答を見ることができます。

　次に12行目でmax_tokensという新しいパラメータを指定しています。これは生成する文章の最大トークン数を表しています。ここでは100と設定しているので、モデルは最大で100トークンの文章を生成します。ただし、モデルは常に最大トークン数まで文章を生成するわけではありません。状況により、それ以下のトークン数で文章を生成することもあります。

　続いて、temperatureというパラメータを指定しています。これは生成する文章の多様性を表すパラメータで、0から2までの値をとることができます。値が高いほど出力の多様性が増し、予測の確信度が低い選択肢を選びやすくなります。逆に、値が低いほど出力は確信度の高い選択肢に偏ります。詞や物語など何度も書かせてよい出力が得られるまで試すときには上げるのが一般的です。一方で論理性が重要な場合や、同じ入力なら同じ出力を返すことを期待する場合には0を設定することで確実な出力を得られます。どのようなタスクをこなさせるかによって変更するとよいでしょう。

　最後に、nというパラメータを指定しています。これは生成する文章の数を表しています。ここでは2を設定していますので、モデルは2つの異なる文章を生成します。

結果を確認するために再度以下のコマンドでソースコードを実行してみましょう。

```
python3 sample.py
```

すると以下のような出力が得られます。

```
001 {
002   "id": "chatcmpl-7hVYxdFOwkrvbs9Ts3XKHSvUD5kPX",
003   "object": "chat.completion",
004   "created": 1690603787,
005   "model": "gpt-3.5-turbo-0613",
006   "choices": [
007     {
008       "index": 0,
009       "message": {
010         "role": "assistant",
            "content": "そばの主な原材料は以下の通りです。\n\n1. そば
011 粉：主成分となるのはそばの実を挽いて作られる粉です。\n2. 小麦粉：一般的
    にそば粉に対して加えられることがあります。そば粉の品質を向上させるため"
012       },
013       "finish_reason": "length"
014     },
015     {
016       "index": 1,
017       "message": {
018         "role": "assistant",
            "content": "そばの原材料は、そば粉と水です。特に蕎麦粉は、
019 そばの実を粉砕して作られます。その他に、ごく稀に食塩や小麦粉などが添加
    されることもありますが、基本的にはそば粉と水のみが使用されます。"
020       },
021       "finish_reason": "stop"
022     }
023   ],
024   "usage": {
025     "prompt_tokens": 19,
026     "completion_tokens": 197,
027     "total_tokens": 216
028   }
029 }
```

変更された部分のみ見ていきましょう。

まず6行目のchoicesです。以前の結果では1つの選択肢しかありませんでしたが、今回は2つの選択肢があります。これはnパラメータによるものです。n=2と設定したので、モデルは2つの異なる応答を生成しました。それぞれの選択肢はindexで番号付けされ、0から始まります。つまり、最初の選択肢はindex=0、次の選択肢はindex=1となります。

また、それぞれの選択肢のmessageには、それぞれ異なる応答が含まれています。これはtemperatureパラメータが1と設定されていたため、モデルが多様な応答を生成しやすくなっていたからです。

それぞれの選択肢のfinish_reasonを見てみましょう。このパラメータは、モデルが応答を終えた理由を示しています。"stop"は自然な終わりを見つけた場合、"length"はmax_tokensに達した場合を示します。今回の場合、最初の選択肢はmax_tokensの制限に達したために終わり、次の選択肢は自然な終わりを見つけたために終わっています。

最後に、24行目のusageを見てみましょう。今回はprompt_tokensが19、completion_tokensが197、そしてtotal_tokensが216となっています。これは、入力したプロンプトが19トークン、生成された応答が197トークン、そしてそれらの合計が216トークンであることを示しています。max_tokensを100に設定していたにもかかわらず、completion_tokensが197となっているのは、nパラメータにより2つの応答が生成されたためです。

OpenAIのAPIにはさまざまなパラメータが存在し、それらを変更することでモデルの挙動を調節できることがわかりました。これらのパラメータを適切に設定することで、よりよい応答を得ることが可能です。また、モデルの出力を理解するためには、出力の各部分がなにを意味するのかを理解することが重要です。

以上が「Chat」モデルの基本的なAPIの呼び出し方と結果の読み方です。次は「Complete」モデルの呼び出しを見ていきましょう。

CompleteモデルのAPIを呼び出してみる

OpenAIのもう1つの言語モデルである「Complete」をLangChainを使わずPythonのソースコードを実際に書いてみて呼び出してみましょう。

先ほど作成した「01_setting」というディレクトリに「sample_complete.py」というファイルを作成し以下を入力してください。

● sample_complete.py

```
001 import json
002 import openai
003
004 response = openai.Completion.create(
```
ChatCompletionではなく、Completionを使っている
```
005     engine="gpt-3.5-turbo-instruct",
```
modelではなくengineを指定し、gpt-3.5-turbo-instructを指定
```
006     prompt="今日の天気がとても良くて、気分が",
```
promptを指定
```
007     stop="。",
```
文字が出現したら文章を終了する
```
008     max_tokens=100,
```
最大のトークン数
```
009     n=2,
```
生成する文章の数
```
010     temperature=0.5
```
多様性を表すパラメータ
```
011 )
012
013 print(json.dumps(response, indent=2, ensure_ascii=False))
```

　まずは「Chat」と共通している部分について見ていきましょう。

　1行目と2行目では同様に結果を見やすくするためにjsonをインポートし、OpenAIのPythonパッケージをインポートしています。

　次に、4行目でOpenAIのAPIを呼び出しています。ここでは「Chat」モデルの場合と異なり、openai.Completion.createを使用しています。これは「Complete」モデルのAPI呼び出し方法です。

　さらに、5行目ではモデルを選択していますが、この場合はengineというパラメータを使用し、gpt-3.5-turbo-instructというモデルを選択しています。前のセクションで説明した通りこれは「Complete」モデルの1つです。

　次に、6行目ではpromptというパラメータを使用しています。「Chat」モデルのmessagesパラメータと同様、これはモデルに送信するメッセージを定義しますが、「Complete」モデルでは単一のメッセージを直接指定します。ここでは「今日の天気がとても良くて、気分が」というプロンプトを指定しています。ここで設定するプロンプトの書き方の違いが「Chat」モデルと「Complete」モデルの重要な使い分けのポイントになります。

　Chatモデルのプロンプトの前提は会話や依頼です。対話形式でチャットするように指示できます。一方Completeモデルは文章の続きを生成するものです。そのため、プロンプトに文章の途中まで設定することが一般的です。

　7行目でstopパラメータを指定しています。これは生成する文章が特定の文字や文字列、あるいはリスト内のいずれかに到達したら停止するよう指定します。ここで

は「。」（日本語の句点）を指定しているので、生成された文章が「。」に到達したら停止します。

そして、8行目、9行目、10行目でmax_tokens、n、temperatureといったパラメータを指定しています。これらは「Chat」モデルのときと同じで、それぞれ生成する文章の最大トークン数、生成する文章の数、生成する文章の多様性を表すパラメータを設定しています。

これらの設定を行ったら、以下のコマンドでソースコードを実行してみましょう。

```
python3 sample_complete.py
```

すると以下のような結果が得られます。

```
001  {
002    "id": "cmpl-7hVsUWQgfbrH8RIAeR7AAlE5aolkY",
003    "object": "text_completion",
004    "created": 1690604998,
005    "model": "gpt-3.5-turbo-instruct",
006    "choices": [
007      {
008        "text": "いいです",
009        "index": 0,
010        "logprobs": null,
011        "finish_reason": "stop"
012      },
013      {
014        "text": "いいです",
015        "index": 1,
016        "logprobs": null,
017        "finish_reason": "stop"
018      }
019    ],
020    "usage": {
021      "prompt_tokens": 23,
022      "completion_tokens": 8,
023      "total_tokens": 31
024    }
025  }
```

　こちらも「Chat」モデルと同様の部分については割愛します。まず、変更があるのが3行目のobjectです。「Chat」モデルの場合は"chat.completion"でしたが、「Complete」モデルでは"text_completion"となっています。これは「Complete」モデルのAPI呼び出しであることを示しています。

　次に6行目のchoicesを見てみましょう。ここにはモデルが生成した応答が含まれています。各選択肢にはtextという新しいキーがあります。これはモデルが生成したテキストを示しています。そしてここには「今日の天気がとても良くて、気分が」というプロンプトに対するモデルの応答が含まれています。

　最後に、finish_reasonを見てみましょう。ここでは"stop"となっています。これはモデルがstopパラメータで指定した文字列を出力したために生成を終えたことを示しています。

　以上が「Complete」モデルの基本的なAPIの呼び出し方と結果の読み方です。

　OpenAIの「Chat」と「Complete」の2つのモデルは、それぞれ異なる特性と用途を持っています。これらを適切に選択し、パラメータを調整することで、AIによるテキスト生成をより効果的に行うことができます。それぞれのモデルが適しているタスクに応じて適切なモデルを選択することが重要です。

アプリケーション開発を助ける言語モデル

言語モデルを使ってソフトウェア開発を加速させる試みも進んでいます。

たとえば GitHub が提供している AI ツールである GitHub Copilot は OpenAI の技術を活用したコーディング支援ツールで、AI による自動コード生成を可能にします。これは OpenAI が開発している Codex というコード支援向けの言語モデルによって動作しています。Codex は、GitHub 上の大量のソースコードから学習しています。

GitHub Copilot は VS Code の拡張機能としても提供されています。

VS Code の拡張機能をインストールすることで途中まで書いたコードの続きを予測できます。囲んだ部分が GitHub Copilot によって提案されたコードです。

このようにコメントや関数名の一部を書くだけで中身を提案したり、テストコードを生成したりといった、開発者の助けになる機能が用意されています。GitHub Copilot は 2022 年 6 月にリリースされており、ChatGPT が話題になった 2022 年 11 月以前から言語モデルは活用され、アプリケーション開発をサポートしてきました。

ほかにもさまざまな言語モデルを使ったツールが開発されており、今後の発展が期待されています。

CHAPTER
2

Model I/O -
言語モデルを
扱いやすくする

#チャットボット ／ #言語モデル

section

01

言語モデルを使った
アプリケーションの仕組み

**Model I/Oでできる
ことを理解しよう**

LangChainの最も基本的なモジュールであるModel I/Oは言語モデルを呼び出す方法を提供します。具体的にどのようなことができるのかコードを書きつつ見ていきましょう

言語モデルを呼び出すとは

改めて「言語モデルを呼び出す」とはどういうことでしょうか？ ChatGPTなどWebサービスでは、テキストボックスにメッセージを入力し、送信ボタンをクリックすることで結果が出力されます。これはテキストボックスに入力したメッセージから言語モデルを呼び出しているといえるでしょう。

このように言語モデルを呼び出す際に、入力となるテキストのことを「プロンプト」と呼びます。今後は言語モデルの入力となるテキストはプロンプトと呼ぶので覚えておきましょう。

言語モデルを使ったアプリケーションを作るときにはこの呼び出しをPythonなどで作成したプログラムから行います。第1章で確認しましたが、例としてLangChainを使わないでOpenAIの言語モデルである「gpt-3.5-turbo」を呼び出すコードはどのようなものか見ていきましょう。

以下のコードは実際に実行する必要はありません。

● sample.py

```
001 import openai ── OpenAIが用意しているPythonパッケージをインポートする
002
003 response = openai.ChatCompletion.create(
                ── OpenAIのAPIを呼び出すことで、言語モデルを呼び出している
004     model="gpt-3.5-turbo", ── 呼び出す言語モデルの名前
005     messages=[
006         {
```

テキストボックス

送信ボタン

Send a message

```
007            "role": "user",
008            "content": "iPhone8のリリース日を教えて"
                              ── 入力する文章（プロンプト）
009        },
010    ]
011 )
012 print(response)── 結果を表示
013
```

2
Model I/O – 言語モデルを扱いやすくする

　上記のソースコードでは4行目で設定されている「gpt-3.5-turbo」という言語モデルを、「iPhone8のリリース日を教えて」というテキスト、「user」というロール（役割）で、OpenAIが用意しているパッケージを使って呼び出しています。

　単純なアプリケーションなら上記のようなソースコードで問題ありませんが、実際に言語モデルを使ったアプリケーションを開発する際には問題になることがよくあります。言語モデルを使ったアプリケーションは、すべて手続き型で作成する従来のアプリケーションとは異なり、よい結果を得るためには試行錯誤が必要です。

　まず、8行目の「iPhone8のリリース日を教えて」というプロンプトです。言語モデルから得られる結果は入力されるプロンプトの書き方で異なります。

　たとえば「iPhone8のリリース日を教えて」と入力した場合に、「2017/09/22」と出力されるか「2017年9月22日」と出力されるかはわかりません。しかし「iPhone8のリリース日をyyyy/mm/ddという形式で教えて」と入力することで出力される結果を固定し、求める結果を出力させやすくすることが可能です。

　また、4行目では「gpt-3.5-turbo」とモデル名が指定されていますが、より長いテキストを処理できる「gpt-3.5-turbo-16k」に差し替えたいなら以下のようにモデル名を書き換えるだけで問題ありません。

● sample.py
```
004    model="gpt-3.5-turbo-16k",── 呼び出す言語モデルの名前
```

　しかし言語モデルはOpenAIのGPT-3.5やGPT-4だけではありません。Anthropicの Claude 2を使って結果がどのように変わるか見たい場合もあるでしょう。この場合、先ほどのソースコードはOpenAIにしか対応していないので、ほぼすべてのソースコードを書き直す必要があります。

　このように言語モデルを呼び出すプロンプトを試行錯誤して書き換えたり、モデルを差し替えたりするのはとても手間がかかります。Model I/Oモジュールではこのような手間を減らすための手段を提供しています。また、後に紹介するほかのモジュー

ルでもModel I/Oと組み合わせる必要があるものが多いので、しっかりと学んでいきましょう。

Model I/OはLangChainで最も基本的なモジュール

　Model I/Oモジュールは単体でも使用できますが、実際のアプリケーションを開発する際にはこのモジュールだけですべて作ることは現実的に難しく、ほかのモジュールと組み合わせて使用することが一般的です。たとえば、Model I/Oのサブモジュールである Promptsモジュールはプロンプトを最適化するために使用されるだけでなく、後に紹介するChainsモジュールなどでも使われており、同じくサブモジュールの Language modelsはほぼすべてのモジュールで使用することになります。

　提供している機能は単純なものが多いですが、非常に重要なモジュールなのでどのように使うのかしっかり学んでいきましょう。

Model I/Oを構成する3つのサブモジュール

　LangChainのすべてのモジュールはサブモジュールを持っています。Model I/Oモジュールも例外ではなく、3つのサブモジュールから構成されています。ここではざっとどんな機能か見てみましょう。詳しくは後ほど解説します。

① Language models
　Language modelsモジュールは、さまざまな言語モデルを同一のインターフェイスで呼び出すための機能を提供します。OpenAIのモデルだけでなく、Anthropicの Claude 2などほかのモデルも同じように呼び出せます。これにより、異なるモデルを試す際に、既存のコードを一から書き直す必要がなくなります。

② Prompts
　Promptsモジュールは言語モデルを呼び出すためのプロンプトを構築するのに便利な機能を提供します。用途によってさまざまな孫モジュールが用意されています。たとえばプロンプトと変数を組み合わせたり、大量の例示を効率的にプロンプトに挿入したりできます。さまざまな処理をして、求めるプロンプトを作成しやすくするのが目的です。

③ Output parsers

Output parsersモジュールは、言語モデルから得られる出力を解析し、アプリケーションで利用しやすい形に変換するための機能を提供します。出力文字列を整形したり、特定の情報を抽出したりするために使用します。このモジュールにより、出力を構造化したデータとして扱うことが容易になります。

ここからは実際にコードを書きつつ各モジュールの動きを見ていきましょう。

Language modelsを使ってgpt-3.5-turboを呼び出す

実際にLanguage modelsモジュールのChat modelsモジュールを使ってOpenAIのChatモデルであるgpt-3.5-turboを呼び出してみましょう。

まずは26ページの「Pythonの実行環境を整える」で作成した「langchain_book」ディレクトリに移動し「02_model_io」という名前で新規ディレクトリを作成しましょう。作成したディレクトリをVS Codeで開いてください。

「02_model_io」ディレクトリに移動したら、[ファイル] メニューの [新しいテキストファイル] から、「language_models.py」というファイルを作成し、以下の通りに入力してください。

● language_models.py

```
001 from langchain.chat_models import ChatOpenAI
                                      ── モジュールをインポート
002 from langchain.schema import HumanMessage
                    ── ユーザーからのメッセージであるHumanMessageをインポート
003
004 chat = ChatOpenAI(── クライアントを作成しchatへ保存
005     model="gpt-3.5-turbo",── 呼び出すモデルを指定
006 )
007
008 result = chat(── 実行する
009     [
010         HumanMessage(content="こんにちは！"),
011     ]
012 )
013 print(result.content)
```

55

次にVS Codeの［ターミナル］メニューから［新しいターミナル］を選択してターミナルを開き、以下のように入力して上記コードを実行します。

```
python3 language_models.py
```

すると、以下のような結果が確認できます。なお、生成結果はまったく同じになるとは限りません。

こんにちは！私はAIアシスタントです。何かお手伝いできますか？

コードの要点を見ていきましょう。

● language_models.py

```
001  from langchain.chat_models import ChatOpenAI
```
—— モジュールをインポート

```
     ~~~省略~~~

004  chat = ChatOpenAI(
005      model="gpt-3.5-turbo",
006  )
```
004 —— クライアントを作成しchatへ保存
005 —— 呼び出すモデルを指定

まず1行目でLanguage modelsの1つであるChatOpenAIクラスをインポートしています。ChatOpenAIクラスはOpenAIのChatモデルを呼び出す際に使用されます。実際に5行目ではOpenAIのChatモデルの1つであるgpt-3.5-turboを指定しています。

● language_models.py

```
002  from langchain.schema import HumanMessage
```
—— ユーザーからのメッセージであるHumanMessageをインポート

```
     ~~~省略~~~

008  result = chat(
009      [
010          HumanMessage(content="こんにちは！"),
```
008 —— 実行する

```
011      ]
012 )
013 print(result.content)
```

2

10行目ではcontentに言語モデルへ送信したい内容を入力し、HumanMessageを初期化しています。HumanMessageは人間からのメッセージあることを表しており、contentはその内容を表します。これらのHumanMessageを使って10行目で言語モデルを呼び出すことで、入力されたメッセージをもとに言語モデルを呼び出せます。

AIMessageを使って言語モデルからの返答を表すことができる

LangChainでは対話形式のやりとりを表現するために、AIMessageも用意されています。たとえば、最初に「茶碗蒸しの作り方を教えて」と問い合わせると言語モデルからレシピが返されるはずです。このレシピを英語に翻訳したいときには「英語に翻訳して」と指示することで英語に翻訳されたレシピを受け取ることができます。このような会話の流れをAIMessageを使ってどのように表現するのか見てみましょう。

以下のコードは説明を意図したもので実際に実行する必要はありません。

● language_models_ai_message_sample.py

```
001 result = chat(——— 実行する
002     [
003         HumanMessage(content="茶碗蒸しの作り方を教えて"),
004         AIMessage(content="{ChatModelからの返答である茶碗蒸しの
    作り方}"),
005         HumanMessage(content="英語に翻訳して"),
006     ]
007 )
```

このようにLanguage modelsモジュールのChat modelsモジュールではHumanMessage、AIMessageを使用することで言語モデルとの対話形式のやりとりを表現できます。

Language modelsのみでこのように過去の返答を踏まえた回答をさせるには都度ソースコードの書き換えが必要になり、非常に面倒で、対話を用いたアプリケーション開発は難しいでしょう。LangChainではこのような対話をサポートするためのMemoryモジュールが用意されています（第4章で解説）。

SystemMessageを使って言語モデルの人格や設定を定義する

　また、こういった対話機能をカスタマイズできるSystemMessageも用意されています。これは対話を表現するものではなく、言語への直接的な指示を書く機能です。たとえば言語モデルの人格や設定などを入力することで、返答の文体をよりフランクなものに変更できます。

　SystemMessageを設定して返答の文体などを変更する方法を見てみましょう。以下のコードは説明を意図したもので実際に実行する必要はありません。

● language_models_system_message_sample.py

```
001 result = chat(
002     [
003         SystemMessage(content="あなたは親しい友人です。返答は敬
    語を使わず、フランクに会話してください。"),
              ── システムメッセージを使用して設定を追加
004         HumanMessage(content="こんにちは！"),
005     ]
006 )
```

　これを実行すると以下のような結果が返ってきます。

やぁ、こんにちは！元気してる？

　SystemMessageに入力した指示の通りに、文体をフランクなものに変更できました。

言語モデルは差し替えることができる

　Language modelsは共通のインターフェイスを持ち、簡単に差し替えることができると説明しました。今回はOpenAIの対話形式の言語モデルを読み込むための「ChatOpenAI」を使用しましたが、これをOpenAIではなく、Anthropicが開発した言語モデルに差し替える場合にはどのように変更するのか見てみましょう。

　Anthropicの言語モデルをAPI経由で使用するには、執筆時点では申請と審査が必要になりますが、ここでは一例として紹介します。

　Anthropicが開発する対話形式の言語モデルは「ChatAnthropic」で使用できます。つまり先ほどのコードを以下のように編集するだけで言語モデルだけを差し替えることが可能になります。

● language_models_chat_anthropic_sample.py

```
from langchain.chat_models import ChatAnthropic
```
Anthropicの Chat モデルをインポートするように変更

```
~~~省略~~~
```

```
chat = ChatAnthropic()
```
ChatAnthropicのLanguage modelsを初期化
```
~~~省略~~~
```

　このように同じ「Chatモデル」であれば簡単に対話形式の言語モデルの差し替えを行うことが可能になります。

PromptTemplateで変数をプロンプトに展開する

　言語モデルをプログラムから呼び出す場合、用意してあるプロンプトとPythonからの入力を組み合わせることがよくあります。

　Promptsモジュールの最も基本的なモジュールであるPromptTemplateを使ってPythonからの入力とプロンプトを組み合わせてみましょう。

　VS Codeの［ファイル］メニューの［新しいテキストファイル］から「prompt.py」というファイルを作成し、以下の通りに入力してください。

● prompt.py

```
001 from langchain import PromptTemplate   PromptTemplateをインポート
002
003 prompt = PromptTemplate(   PromptTemplateを初期化する
004     template="{product}はどこの会社が開発した製品ですか？",
                                {product}という変数を含むプロンプトを作成する
005     input_variables=[
006         "product"   productに入力する変数を指定する
007     ]
008 )
009
010 print(prompt.format(product="iPhone"))
011 print(prompt.format(product="Xperia"))
```

　次にVS Codeの［ターミナル］メニューから［新しいターミナル］を選択してターミナルを開き、Pythonで上記コードを実行します。

```
python3 prompt.py
```

　すると、以下のようにPromptTemplateを使ってプロンプトを生成できることが確認できます。

iPhoneはどこの会社が開発した製品ですか？
Xperiaはどこの会社が開発した製品ですか？

　このPromptTemplateを使用するためには以下2つのステップが必要です。

1. PromptTemplateの準備
2. 準備したPromptTemplateを使用する

　まずは、PromptTemplateの準備です。3行目でPromptTemplateを初期化してtemplateとinput_variablesを引数に入れ、結果をprompt変数に保存しました。

● prompt.py
```
003  prompt = PromptTemplate(        PromptTemplateを初期化する
004      template="{product}はどこの会社が開発した製品ですか？",
                                {product}という変数を含むプロンプトを作成する
005      input_variables=[
006          "product"        productに入力する変数を指定する
007      ]
008  )
```

　templateにはもととなるテンプレートをテキストで入力します。「{product}はどこの会社が開発した製品ですか？」のように{}で置き換えたい名前を囲みます。そしてinput_variablesには置き換えたい名前を配列で入力します。テンプレートには{product}という文字列があり、これを後で置き換えたいことを意図しているので、ここでは"product"を配列として入力しています。
　以上で準備は完了です。次に準備したPromptTemplateを使用する方法を見ていきましょう。

● prompt.py
```
010  print(prompt.format(product="iPhone"))
011  print(prompt.format(product="Xperia"))
```

10行目ではprompt.format(product="iPhone")を実行しています。ここではpromptを使用し、formatメソッドで実際のプロンプトを生成、つまり、テキストを生成しています。結果、以下のようなプロンプトを生成できました。

iPhoneはどこの会社が開発した製品ですか？

11行目ではこのPromptTemplateを使うための名前として"product"を入力しています。そしてこの結果は、以下のように先ほどとは違うプロンプトが生成できました。

Xperiaはどこの会社が開発した製品ですか？

PromptTemplateでプロンプトを生成できることを確認できました。

PromptTemplateに用意されているその他の機能

PromptTemplateには、さまざまな便利な機能が用意されています。その中の1つ、バリデーション機能を紹介します。PromptTemplateは、formatメソッドを使ってプロンプトを作成する際、必要な入力が正しく受け取られているかどうかをチェックします。たとえば、今回紹介したコードでは以下のような形でproductを渡していました。

```
prompt.format(product="Xperia")
```

では、formatを呼び出すときに以下のようにproductを入力しない場合はどのような動きになるでしょうか。

● prompt.py
```
011 print(prompt.format())
```

すると以下のようなエラーが表示されます。

```
KeyError: 'product'
```

これはproductがinput_variablesで必要な入力として定義されているにもかかわらず、入力せずにプロンプトを生成しようとしていることで発生しています。

プロンプトは結局のところはただのテキストです。ただのテキストである以上、どのような方法でも作成できてしまいます。しかし、実際システムに組み込む際にはプロンプトも強い制約をもって生成することにより、安定したアプリケーションを作成できるようになります。

Language modelsとPromptTemplateを組み合わせる

　次は55ページの「Language modelsを使ってgpt-3.5-turboを呼び出す」で作成した「Language models」を呼び出すコードとPromptTemplateを組み合わせてみましょう。［ファイル］メニューの［新しいテキストファイル］から、「prompt_and_language_model.py」というファイルを作成し、以下の通りに入力してください。

● prompt_and_language_model.py

```
001 from langchain import PromptTemplate
002 from langchain.chat_models import ChatOpenAI
003 from langchain.schema import HumanMessage
004
005 chat = ChatOpenAI(          クライアントを作成しchatへ保存
006     model="gpt-3.5-turbo",      呼び出すモデルを指定
007 )
008
009 prompt = PromptTemplate(      PromptTemplateを初期化する
010     template="{product}はどこの会社が開発した製品ですか？",
                              {product}という変数を含むプロンプトを作成する
011     input_variables=[
012         "product"      productに入力する変数を指定する
013     ]
014 )
015
016 result = chat(      実行する
017     [
018         HumanMessage(content=prompt.
    format(product="iPhone")),
019     ]
020 )
021 print(result.content)
```

　今回のコードでは、PromptTemplateで生成したプロンプトをLanguage models
を使って呼び出しています。
　次にVS Codeのターミナルで以下のように入力し、上記コードを実行します。

```
python3 prompt_and_language_model.py
```

　すると以下のような結果を確認できます。

```
iPhoneはアメリカのApple Inc.（アップル）が開発した製品です。
```

　それでは今回作成したコードを詳しく見ていきましょう。まずは、5行目で
OpenAIのChatモデルである「gpt-3.5-turbo」をChatOpenAIで初期化し、次に9
行目で先ほどと同じようにPromptTemplateを初期化しています。
　18行目では、productにiPhoneを入力してprompt.formatを実行することでプロ
ンプトを作成しています。16行目で実行し、21行目で結果を表示しています。
　これで、PromptTemplateを使って変数とプロンプトを組み合わせて実行できるこ
とを確認できました。このようにLangChainでは複数存在するモジュールを組み合
わせつつアプリケーションを作成していきます。

PromptTemplateの初期化方法の種類
　本書ではPromptTemplateを初期化する際には以下のようにクラスを初期化する
方法をとっています。

● prompt_and_language_model.py

```
009  prompt = PromptTemplate(────PromptTemplateを初期化する
010      template="{product}はどこの会社が開発した製品ですか？",
                        ────{product}という変数を含むプロンプトを作成する
011      input_variables=[
012          "product"────productに入力する変数を指定する
013      ]
014  )
```

　PromptTemplateは上記以外にもいくつか初期化する方法が存在します。たとえ
ば、以下のようにinput_variablesを直接指定せず、テンプレートから直接初期化す
ることもできます。

● prompt_template_from_template_sample.py

```
009  prompt = PromptTemplate.from_template("{product}はどこの会社
     が開発した製品ですか？")
```

単に PromptTemplate を初期化するだけならこのほうが短く書けますが、本書では わかりやすさのために input_variables も指定する書き方に統一しています。

また、JSON ファイルに保存したプロンプトを読み出す方法も存在します。以下の ように「prompt_template_from_template_save_sample.py」を作成して、Python で実行します。

● prompt_template_from_template_save_sample.py

```
001  from langchain.prompts import PromptTemplate
002
003  prompt = PromptTemplate(template="{product}はどこの会社が開発
     した製品ですか？", input_variables=["product"])
004  prompt_json = prompt.save("prompt.json")
```
────── `PromptTemplate を JSON に変換する`

すると以下のような JSON が作成されます。

```
{
    "input_variables": [
        "product"
    ],
    "output_parser": null,
    "partial_variables": {},
    "template": "{product}\u306f\u3069\u3053\u306e\u4f1a\
u793e\u304c\u958b\u767a\u3057\u305f\u88fd\u54c1\u3067\u3059\
u304b\uff1f",
    "template_format": "f-string",
    "validate_template": true,
    "_type": "prompt"
}
```

この JSON を以下のようにファイルから読み出すことで PromptTemplate を作成で きます。

● **prompt_template_from_template_load_sample.py**

```
001 from langchain.prompts import load_prompt
002
003 loaded_prompt = load_prompt("prompt.json")
```
——JSONからPromptTemplateを読み込む
```
004
005 print(loaded_prompt.format(product="iPhone"))
```
——PromptTemplateを使って文章を生成する

2

Model I/O - 言語モデルを扱いやすくする

　このようにPromptTemplateをJSONファイルとして保存することで、さまざまな活用ができます。たとえば、saveメソッドでユーザーが操作するアプリケーションのプロンプトをあらかじめJSONファイルに保存しておき、保存されたJSONファイルを管理者のみが操作できる管理画面で更新し、上書きできるようにすれば、ソースコードの編集をすることなくプロンプトの編集が可能になります。
　このようにPromptTemplateはさまざまな方法で生成できます。目的に合った方法で生成しましょう。

リスト形式で結果を受け取る

　最後にOutput parsersを使って言語モデルから受け取った結果を構造化してみましょう。言語モデルを呼び出して得られる結果はテキスト形式になります。しかし、言語モデルの呼び出し結果をプログラムから使いたい場合にはリスト形式などで構造化されたデータを受け取りたい場合があります。Output parsersはこの言語モデルの呼び出し結果の構造化を行います。
　では、「prompt_and_language_model.py」をもとに結果をリスト形式で受け取ってみましょう。［ファイル］メニューの［新しいテキストファイル］から、「list_output_parser.py」というファイルを作成し以下を入力してください。

● **list_output_parser.py**

```
001 from langchain.chat_models import ChatOpenAI
002 from langchain.output_parsers import \
003     CommaSeparatedListOutputParser
```
——Output parsersであるCommaSeparatedListOutputParserをインポート
```
004 from langchain.schema import HumanMessage
005
```

```
006 output_parser = CommaSeparatedListOutputParser()
                              ── CommaSeparatedListOutputParserを初期化
007
008 chat = ChatOpenAI(model="gpt-3.5-turbo", )
009
010 result = chat(
011     [
012         HumanMessage(content="Appleが開発した代表的な製品を3つ
     教えてください"),
013         HumanMessage(content=output_parser.get_format_
     instructions()),
            ── output_parser.get_format_instructions()を実行し、言語モデルへの指示を追加する
014     ]
015 )
016
017 output = output_parser.parse(result.content)
                              ── 出力結果を解析してリスト形式に変換する
018
019 for item in output:── リストを1つずつ取り出す
020     print("代表的な製品 => " + item)
```

次にVS Codeのターミナルで以下のように入力して上記コードを実行します。

```
python3 list_output_parser.py
```

すると、以下のような結果が確認できます。

```
代表的な製品 => iPhone
代表的な製品 => Macbook
代表的な製品 => iPad
```

どのような動きになっているのか詳しく見ていきましょう。

CommaSeparatedListOutputParserは結果をリスト形式で受け取るOutput parsersです。6行目で、CommaSeparatedListOutputParserを初期化し、output_parser変数へ保存し、後で使うための準備をしています。

CommaSeparatedListOutputParserで行われる処理は以下の2つになります。

・リスト形式で出力するように、言語モデルへ出力形式の指示を追加
・出力結果を解析し、リスト形式に変換

　まず、リスト形式で出力するように、言語モデルへ出力形式の指示を追加する処理は13行目で行われます。output_parser.get_format_instructions()を実行すると、以下のようなプロンプトが確認できます。

```
Your response should be a list of comma separated values, eg:
`foo, bar, baz`
```

　翻訳すると以下になり、言語モデルへ出力形式の指示を追加していることがわかります。

応答は`foo, bar, baz`のようなカンマで区切られた値のリストでなければなりません。

　つまり、言語モデルは「Appleが開発した代表的な製品を3つ教えてください」と、「応答はfoo, bar, bazのようなカンマで区切られた値のリストでなければなりません。」という2つのプロンプトを使って呼び出されることになり、言語モデルへの指示に加えて出力形式の指示も追加されていることがわかります。

　10行目では先ほどのプロンプトを使って言語モデルを呼び出し、結果をresultで受け取っています。

　次に17行目ではoutput_parser.parse()で出力結果を解析し、言語モデルからの応答をリスト形式に変換しています。今回の例では「["iPhone", "Macbook", "iPad"]」という**文字列**が言語モデルから返され、これをoutput_parser.parse()で実行することにより、Pythonの**配列**へと変換されています。

　19行目ではPython上でリストのforループを実行します。

　このように言語モデルが生成する出力は、デフォルトではプレーンテキストの文字列です。この文字列をそのまま利用することもできますが、アプリケーションを開発する場合、この文字列から特定の情報を抽出したり、データとして構造化したりすることが必要になるケースが多いです。

　アプリケーションで利用しやすいデータに変換するためには、出力文字列を解析して必要な情報を抽出する処理が不可欠です。解析された構造化データは、データベースに保存したりほかのAPIに渡したりといった後続の処理で簡単に利用できます。一方、プレーンテキストのままでは、文字列処理を駆使してデータを抽出する必要が生

じ、コードが複雑になりやすいです。また、出力内容が不完全であった場合にエラー処理をしやすくするためにも、データとして解析して構造化することが重要です。たとえば、必須の項目がない場合にエラーを出力するといったバリデーションが可能になります。

　LangChainのOutput parsersを利用することで、望みのデータ構造に合わせて自由にパース（変換）でき、アプリケーションの要件に即した解析処理を実装できます。

　このように、出力を解析することで、単なるテキストから意味のあるデータへと変換し、アプリケーションでの利用を容易にすることができます。Output parsersは素早くパース処理を実装するための強力なツールといえます。

foo, bar, baz ってなに？

「foo」「bar」「baz」は、プログラミングの世界で一般的に使われる仮の名前です。サンプルプログラムなどで、まったく意味のない変数名や関数名をつけるときなどに使われます。

もし適当にbookやcupなどの意味のある名前をつけてしまうと、読者やほかのプログラマーはその名前がなにか特定の目的を果たすかのように誤解する可能性があります。たとえば、'book'という名前の変数があると、それがなにかの書籍に関するデータを保持していると解釈されることが一般的です。しかし、サンプルコードや教材では、その変数が実際になにを示しているのかは重要ではない場合が多いです。

そこで、「foo」、「bar」、「baz」のような意味のない名前が使われます。これらの名前はプログラミングにおけるメタ構文変数（プログラム内で具体的な機能や役割を持つことを期待しない変数）として広く認識されています。これにより、読者は変数名自体に注目することなく、プログラムの構造やロジックに集中できます。

#言語モデル／#Language models／#Chat models／#LLMs

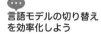
section
02

Language models - モデルを使いやすく

2

Model I/O - 言語モデルを扱いやすくする

言語モデルの切り替え を効率化しよう

前のセクションでModel I/Oを使った開発の一連の流れを確認しました。この セクションでは言語モデルを扱うモジュールであるLanguage modelsについ て確認しましょう。

統一されたインターフェイスで使いやすく

Model I/OモジュールのサブモジュールであるLanguage modelsの目的は、さま ざまな種類がある言語モデルを統一したインターフェイスを使って扱いやすくする ことです。OpenAIが開発する言語モデルだけとっても、gpt-3.5-turboとgpt-3.5-turbo-instructでは呼び出し方が異なります。アプリケーションを開発する過程で、 プロンプトやモデルを差し替えてみたりと試行錯誤することは多くあります。

このように試行錯誤をしているときに、それぞれのモデルで異なる呼び出し方につ いて調べつつ作業するのは手間がかかるということはイメージできると思います。こ のモジュールを使うことで細かい呼び出し先のURLや使い方を調べることなく統一 された方法でアクセスできるようになります。

Chat modelsとLLMs

Language modelsには使用する言語モデルに合わせて大きく分けて2種類のモ ジュール（Model I/Oの孫モジュール）が用意されています。OpenAIの「Chat」モ デルのような対話形式で使用する言語モデルを扱う「Chat models」、OpenAIの 「Complete」モデルのような文章の続きを用意する言語モデルを扱う「LLMs」です。

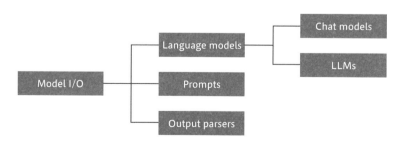

Chat modelsとLLMsの違いは前提となる入力と出力です。Chat modelsは一連の

対話（HumanMessageやAIMessageの配列）を入力とし、次の返答を予測します。対話形式のテキスト生成、特にチャットボットの開発に適しています。Chat modelsは前のメッセージのコンテキストを考慮するため、全体の対話の流れを理解しやすい特性を持っています。

　一方、LLMsは対話ではなく、文の続きを予測します。このモデルは1つのプロンプトだけを考慮します。

　今回はLLMsを使ってテキストの続きを予測してみましょう。VS Codeの［ファイル］メニューの［新しいテキストファイル］から、「model_io_llm.py」というファイルを作成し、以下の通りに入力してください。

● model_io_llm.py

```
001 from langchain.llms import OpenAI
002
003 llm = OpenAI(model="gpt-3.5-turbo-instruct"───呼び出すモデルを指定
004               )
005
006 result = llm(
007     "美味しいラーメンを",───言語モデルに入力されるテキスト
008     stop="。"───「。」が出力された時点で続きを生成しないようにする
009 )
010 print(result)
```

次にVS Codeのターミナルで以下のように入力し、上記コードを実行します。

```
python3 model_io_llm.py
```

すると、以下のような結果が確認できます。

食べたいです

　OpenAIクラスはOpenAIの続きを生成することが目的のLLMsなので、「美味しいラーメンが」に続く「食べたいです」といった文章が出力されました。

　LLMsは13ページで紹介した、OpenAIの「Complete」モデルをLangChainから使う場合に使用します。Chat modelsの場合と同様に同じLLMsモジュールなら簡単に差し替えできます。

　ローカルで実行可能な言語モデルである、GPT4Allに差し替えるには以下のように

変更するだけです。

● model_io_llm.py

```
001 from langchain.llms import GPT4All    読み込むLLMsをGPT4Allに変更する
002
003 llm = GPT4All()    GPT4AllのLanguage modelsを初期化
004 ~~~省略~~~
```

　LangChainでほかのモジュールとLanguage modelsを組み合わせて使うときに、LLMsを前提とするもの、Chat modelsを前提とするものそれぞれが存在します。モジュールを使うときにどちらを使っているか把握しておく必要があるので違いを覚えておきましょう。

Language modelsの便利な機能

　Language modelsには「Chat models」、「LLMs」が存在し、差し替えられることについて見てきましたが、Language modelsでできることはこれだけではありません。具体的に見ていきましょう。

キャッシュをかけることができる

　OpenAIなどのAPIは15ページで解説した通り、使用したトークン数により課金されます。たとえば、同じプロンプトを2回送信すると2回分の料金がかかってしまいます。また、当然2回APIを呼び出すことになり、実行時間が2倍かかることになり効率がよくありません。Language modelsではこのような問題を解決するために簡単にキャッシュをかけられる機能が用意されています。

　実際にどのように動くか見ていきましょう。［ファイル］メニューの［新しいテキストファイル］から、「chat_model_cache.py」というファイルを作成し、以下の通りに入力してください。

● chat_model_cache.py

```
001 import time    実行時間を計測するためにtimeモジュールをインポート
002 import langchain
003 from langchain.cache import InMemoryCache
                        InMemoryCache をインポート
004 from langchain.chat_models import ChatOpenAI
```

```
005 from langchain.schema import HumanMessage
006
007 langchain.llm_cache = InMemoryCache()
                                          ━━ llm_cacheにInMemoryCacheを設定
008
009 chat = ChatOpenAI()
010 start = time.time()━━ 実行開始時間を記録
011 result = chat([━━ 一度目の実行をする
012     HumanMessage(content="こんにちは！")
013 ])
014
015 end = time.time()━━ 実行終了時間を記録
016 print(result.content)
017 print(f"実行時間: {end - start}秒")
018
019 start = time.time()━━ 実行開始時間を記録
020 result = chat([
            ━━ 同じ内容で二度目の実行をすることでキャッシュが利用され、即時に実行完了している
021     HumanMessage(content="こんにちは！")
022 ])
023
024 end = time.time()━━ 実行終了時間を記録
025 print(result.content)
026 print(f"実行時間: {end - start}秒")
```

入力が完了したら以下のコマンドで実行します。

```
python3 chat_model_cache.py
```

すると以下のような表示が確認できます。

```
こんにちは！いつもお世話になっています。どのようなご用件でしょうか？
実行時間: 1.7952373027801514秒
こんにちは！いつもお世話になっています。どのようなご用件でしょうか？
実行時間: 0.0007660388946533203秒
```

ポイントとなる部分を見ていきましょう。7行目ではlangchain.llm_cacheに
InMemoryCache()を設定しています。InMemoryCacheとは、メモリ内にデータを

一時的に保持するキャッシュ方法を提供するクラスです。特定の要求に対する応答が一度生成されると、それはキャッシュに保存され、同じ要求が再度行われたときには、すでに保存されている応答をすぐに提供することが可能になります。この結果、時間とリソースの節約につながります。

　ただしメモリ内のキャッシュは、プログラムが実行されている間は保持されますが、終了すると削除されます。今回の場合はプログラムの実行中、つまり以下のコマンドの実行開始から終了までは保持されますが、もう一度実行するとキャッシュは削除されてしまいます。

```
python3 chat_model_cache.py
```

　長期間にわたってキャッシュする必要がある場合や、プログラムの再起動をまたいでキャッシュを保持したい場合には、InMemoryCacheではなくSQLiteというデータベースに保存できるSQLiteCacheなどを使うとよいでしょう。

　今回の実行例では、"こんにちは！"というメッセージに対する応答を初めて生成するのに約1.8秒かかりましたが、同じメッセージに対する応答を再度生成するのは、キャッシュを利用してほぼ瞬時にできました。これにより、APIの呼び出し回数とそれに伴う課金を減らせます。

　ここまでで、Language modelsで簡単にキャッシュをかけ、動作を高速化するための便利な機能の動作を確認できました。

結果を逐次表示させる

　Language modelsの機能の1つに、実行中の処理を逐次表示させるStreamingモジュールがあります。

　逐次表示とは、処理が完了する前に一部の結果を順次受け取り、表示することです。この機能は、長い応答を生成する場合や、ユーザーに対してリアルタイムな返答を提供したい場合に役立ちます。

　LangChainでは、このStreamingモジュールを利用するために、Callbacksモジュールを提供しています。Callbacksモジュールは、特定の処理が発生したときに実行される関数やクラスを指定できます。これにより、自分のプログラムが必要とする任意の処理を組み込むことが可能になります。

　LangChainのStreamingモジュールとCallbacksモジュールを使用して、APIの実行中に逐次結果を表示する機能を作成してみましょう。「chat_model_streaming.py」というファイルを作成し、以下の通りに入力してください。

● chat_model_streaming.py

```
001  from langchain.callbacks.streaming_stdout import
     StreamingStdOutCallbackHandler
002  from langchain.chat_models import ChatOpenAI
003  from langchain.schema import HumanMessage
004
005  chat = ChatOpenAI(
006      streaming=True,  ── streamingをTrueに設定し、ストリーミングモードで実行
007      callbacks=[
008          StreamingStdOutCallbackHandler()
                      ── StreamingStdOutCallbackHandlerをコールバックとして設定
009      ]
010  )
011  resp = chat([  ── リクエストを送信
012      HumanMessage(content="おいしいステーキの焼き方を教えて")
013  ])
```

入力が完了したら以下のコマンドで実行します。

```
python3 chat_model_streaming.py
```

するとこれまでと異なり、以下のように逐次表示されることが確認できます。

おいしいステーキの焼き方を教えます。

1．ステーキを室温に戻す：ステーキを冷蔵庫から出して、室温に戻します。これにより、ステーキが均一に焼けます。

2．ステーキを調味する：ステーキに塩とこしょうを振ります。塩はステーキの旨味を引き出し、こしょうは風味を加えます。必要に応じて、他のスパイスやハーブを追加することもできます。

3．フライパンを熱する：フライパンを中火で加熱します。フライパンが十分に熱くなったら、少量の油を敷きます。

4．ステーキを焼く：ステーキをフライパンに入れます。焼く時間はステーキの厚さや焼き加減によって異なりますが、一般的には片面2～3分程度焼きます。焼くときには、ステーキにしっかりと火が通るように押さえつけることが重要です。

5．裏返す：ステーキを裏返し、もう一度2〜3分焼きます。焼き加減は好みに応じて調整してください。レア、ミディアムレア、ミディアム、ウェルダンなど、焼き加減はさまざまな種類があります。

6．余熱させる：ステーキをフライパンから取り出し、余熱させます。これにより、ステーキの中に閉じ込められた旨味が均等に行き渡ります。

7．カットして提供する：ステーキをカットし、お好みの厚さで提供します。お皿に盛り付けて、お好みのソースや付け合わせと一緒に召し上がれます。

以上がおいしいステーキの焼き方です。焼き加減や調味料は好みによって異なるため、自分の好みに合わせてアレンジしてみてください。

　今回のコードでは5行目でChatOpenAIを初期化する際にstreamingをTrueに、callbacksにStreamingStdOutCallbackHandlerが設定されていることがわかります。
　ChatOpenAIは初期化時に与える引数を変更することで動作を変えられます。streamingはTrueに設定することでAPIの呼び出し完了後に処理するのではなく、APIからの応答が到着するたびに処理を行う逐次処理を行えます。callbacksには逐次処理する内容を設定します。ここではStreamingStdOutCallbackHandlerが設定されており、結果をターミナル（標準出力）に出力するように設定しています。
　11行目で言語モデルを呼び出し、処理を開始しています。
　今回のコードでは実行後に結果を表示するためのprint文は存在しません。これは、StreamingStdOutCallbackHandlerで実行される処理内で結果を逐次表示しているため、print文で実行結果を表示する必要がないためです。もし、結果を表示したうえでソースコードを扱いたい場合は以下のように変更することで取得可能です。

● chat_model_streaming.py

```
011 resp = chat([──── リクエストを送信
012     HumanMessage(content="おいしいステーキの焼き方を教えて")
013 ])
014 response_text = resp.content
```

　Language modelsのCallbacksモジュールとStreamingモジュールを使ってAPIの呼び出し結果を逐次表示できることを確認しました。

2

Model I/O - 言語モデルを扱いやすくする

LangChain 開発をブラウザから行える Flowise

GitHub 上には LangChain を活用したプロジェクトがいくつも公開されています。そのうちの 1 つである FlowiseAI（https://flowiseai.com/）を紹介します。

FlowiseAI とは LangChain を用いた開発を Web ブラウザ上で行えるノーコード UI フレームワークです。

Web ブラウザからドラッグ＆ドロップでパーツを組み合わせることで LangChain を使った開発と実装が行えます。また、作成したアプリケーションをチャットボットとして簡単にインターネット上に公開できる機能も用意されています。

ただし、FlowiseAI 上で利用できる LangChain の機能は限定的であるため、全体の概念を理解してからのほうが活用できます。

まずは本書のように Python を使って LangChain の使い方を学んでいきましょう。

#プロンプトの構築 ／ #Templates

section
03

プロンプトエンジニア
リングを学ぼう

Templates - プロンプトの構築を効率化する

前のセクションでModel I/Oを使った開発を確認しました。今回は、その次の
ステップとして、プロンプトの構築を簡単にするTemplatesの機能について詳
しく解説します。

2

Model I/O – 言語モデルを扱いやすくする

プロンプトエンジニアリングによる結果の最適化

　言語モデルはテキストという形の入力を受け取ります。このテキスト入力はプロンプトと呼ばれます。

　GPT-3.5のような最近の言語モデルは、人間が行うような指示を単純な文章で与えても問題なくタスクを実行できる場合も多いですが、単純な指示では実行することが難しいタスクも多くあります。

　しかし、プロンプトを最適化することにより、単純な命令では難しかったタスクをこなすことが可能になったり、得られる結果をよりよいものにしたりできます。このプロンプトを最適化する過程、そしてその結果として得られる改善された成果を「プロンプトエンジニアリング」と呼びます。

　プロンプトエンジニアリングの効果は大きく、適切なプロンプトで言語モデルを呼び出すことで、以前は不可能と思われていたような高度なタスクも可能になりつつあります。たとえば、科学論文の要約生成、専門知識を要する文章作成、高度なインタラクションなどが可能になってきています。

　Templatesモジュールではこのようなプロンプトエンジニアリングを助け、プロンプトの構築を楽にするための機能を提供しています。

出力例を含んだプロンプトを作成する

　Model I/OのTemplatesモジュールでは59ページの「PromptTemplateで変数をプロンプトに展開する」で学んだように変数と文字列を組み合わせるだけでなく、プロンプトエンジニアリングを含むプロンプトに関わるさまざまな機能を提供しています。プロンプトエンジニアリングの分野では、効果が高いとされている手法が複数存在しますが、その1つであるFew-shot promptについて紹介します。Few-shot promptとは、言語モデルに例を示しながら目的のタスクを実行させる手法です。

　具体的には、まず言語モデルが実行すべきタスクについて簡潔に指示し、次に、そのタスクの入力と出力の例をいくつか示します。すると、言語モデルはその例からタスクのパターンを学習し、新しい入力が与えられたときに同様の出力を生成できるよ

うになります。

　たとえば、文字をアルファベットの大文字に変換するタスクであれば、次のように
Few-shot promptを作成できます。

次の例にならって、小文字で入力された文字列を大文字に変換してください:

入力: hello
出力: HELLO

入力: chatgpt
出力: CHATGPT

入力: example
出力: EXAMPLE

入力: {input}

　このように、実例を示すことで言語モデルは大文字変換のルールを学習し、新しい
入力にも適用できるようになります。

　Few-shot promptのメリットは、言語モデルに具体的な例を示すことで、人間が
イメージする出力に近い結果を生成できる点です。また、例を変えることで言語モデ
ルの動作を柔軟に制御できます。Few-shot promptは、言語モデルを使ったアプリ
ケーション開発で広く利用されているテクニックです。LangChainではこのような
Few-shot promptを簡単に書くための機能を提供しています。

　実際にFew-shot promptをLangChainで実装してみましょう。[ファイル] メ
ニューの [新しいテキストファイル] から、「model_io_few_shot.py」というファイル
を作成し、以下の通りに入力してください。

● model_io_few_shot.py

```
001 from langchain.llms import OpenAI
002 from langchain.prompts import FewShotPromptTemplate,
    PromptTemplate
003
004 examples = [
005     {
```

```
006        "input": "LangChainはChatGPT・Large Language Model
    (LLM)の実利用をより柔軟に簡易に行うためのツール群です",── 入力例
007        "output": "LangChainは、ChatGPT・Large Language
    Model (LLM)の実利用をより柔軟に、簡易に行うためのツール群です。"
                                                        ── 出力例
008    }
009 ]
010
011 prompt = PromptTemplate(── PromptTemplateの準備
012    input_variables=["input", "output"],
                                ── inputとoutputを入力変数として設定
013    template="入力: {input}\n出力: {output}",── テンプレート
014 )
015
016 few_shot_prompt = FewShotPromptTemplate(
                                ── FewShotPromptTemplateの準備
017    examples=examples,── 入力例と出力例を定義
018    example_prompt=prompt,
                    ── FewShotPromptTemplateにPromptTemplateを渡す
019 prefix="以下の句読点の抜けた入力に句読点を追加してください。追
    加して良い句読点は「、」「。」のみです。他の句読点は追加しないでくださ
    い。",── 指示を追加する
020    suffix="入力: {input_string}\n出力:",── 出力例の入力変数を定義
021    input_variables=["input_string"],
                        ── FewShotPromptTemplateの入力変数を設定
022 )
023 llm = OpenAI(model="gpt-3.5-turbo-instruct")
024 formatted_prompt = few_shot_prompt.format(
                    ── FewShotPromptTemplateを使ってプロンプトを作成
025    input_string="私はさまざまな機能がモジュールとして提供されてい
    るLangChainを使ってアプリケーションを開発しています"
026 )
027 result = llm.predict(formatted_prompt)
028 print("formatted_prompt: ", formatted_prompt)
029 print("result: ", result)
```

次にVS Codeのターミナルで以下のように上記コードを実行します。

```
python3 model_io_few_shot.py
```

すると、以下のような結果が確認できます。

```
formatted_prompt:   以下の句読点の抜けた入力に句読点を追加してください。
追加して良い句読点は「、」「。」のみです。他の句読点は追加しないでください。

入力: LangChainはChatGPT・Large Language Model (LLM)の実利用をより
柔軟に簡易に行うためのツール群です
出力: LangChainは、ChatGPT・Large Language Model (LLM)の実利用をよ
り柔軟に、簡易に行うためのツール群です。

入力: 私はさまざまな機能がモジュールとして提供されているLangChainを使っ
てアプリケーションを開発しています
出力:
result:   私は、さまざまな機能がモジュールとして提供されている、
LangChainを使ってアプリケーションを開発しています。
```

入力例と出力例に従って句読点の存在しない文章に句読点を追加できました。

コードを詳しく見てみましょう。4〜9行目では入力例と出力例をリスト形式で設定しています。ここでは、input、outputをキーにしたオブジェクトの配列を用意しています。今回設定している例では出力例は1つのみですが、実際は複数の出力例を入力することで目的の結果を得やすくなります。

11行目ではPromptTemplateが設定されています。examplesではinput、outputをキーにしたオブジェクトの配列を渡しているので、PromptTemplateを初期化する際にinput_variablesにはinput、outputを渡し、templateには両方を含んだプロンプトを渡しています。

16行目ではFewShotPromptTemplateを準備しています。このテンプレートは以下を引数として受け取ります。

・examples
　プロンプトに挿入する例をリスト形式で渡します。

・example_prompt
　例を挿入する書式を設定します。PromptTemplateを渡す必要があります。

・prefix
　例を出力するプロンプトの前に置かれるテキストです。今回のコードでは言語モデルへの指示です。

・suffix
例を出力するプロンプトの後に置かれるテキストです。今回のコードではユーザー
からの入力が入ります。

・input_variables
全体のプロンプトが期待する変数名のリストです。

このように引数で受け取った値を組み合わせてプロンプトを作成しています。
以上で単純な文字列結合で組み込みするよりプログラムで扱いやすい形でプログラ
ムを構築できることが確認できました。

プロンプトエンジニアリングをさらに学ぶ

以下の URL で公開されている Prompt Engineering Guide では、プロンプトエンジ
ニアリングについての考え方や手法について学ぶことができます。

・ Prompt Engineering Guide
https://www.promptingguide.ai/jp

プロンプトの書き方などの基本的な知識から、さきほど紹介した Few-shot promp の
ほか、さまざまな手法が紹介されています。
LangChain で実装できる手法も存在するので、目を通しておくと役立つときがあるか
もしれません。

2

Model I/O － 言語モデルを扱いやすくする

section
04

Output parsers - 出力を構造化する

さまざまな形式で
結果を受け取ろう

本章のセクション1で簡単に触れたOutput parsersには、ほかにも便利な機能が用意されています。ここでは実際にどのような機能があるか見てみましょう

結果を日時形式で受け取る

　ここでは65ページで作成した「list_output_parser.py」を編集し、結果を日時形式で受け取ってみましょう。VS Codeの [ファイル] メニューの [新しいテキストファイル] から、「datetime_output_parser.py」というファイルを作成し、以下の通りに入力してください。

● datetime_output_parser.py

```
001 from langchain import PromptTemplate
002 from langchain.chat_models import ChatOpenAI
003 from langchain.output_parsers import DatetimeOutputParser
```
—— Output parsersであるDatetimeOutputParserをインポート

```
004 from langchain.schema import HumanMessage
005
006 output_parser = DatetimeOutputParser()
```
—— DatetimeOutputParserを初期化

```
007
008 chat = ChatOpenAI(model="gpt-3.5-turbo", )
009
010 prompt = PromptTemplate.from_template("{product}のリリース日
    を教えて")
```
—— リリース日を聞く

```
011
012 result = chat(
013     [
014         HumanMessage(content=prompt.
    format(product="iPhone8")),
```
—— iPhone8のリリース日を聞く

```
015         HumanMessage(content=output_parser.get_format_
    instructions()),
```
—— output_parser.get_format_instructions()を実行し、言語モデルへの指示を追加する

```
016     ]
017 )
```

```
018
019 output = output_parser.parse(result.content)
                              ── 出力結果を解析して日時形式に変換する
020
021 print(output)
```

2

Model I/O - 言語モデルを扱いやすくする

入力が完了したら以下のコマンドで実行します。

```
python3 datetime_output_parser.py
```

すると以下のような結果が表示されます。

```
2020-09-22 00:00:00
```

「発売日は2020年9月22日です」のような文章による返答ではなく、日時形式で返答を受け取ることができました。

主な変更箇所を見てみましょう。3行目では言語モデルからの出力を日時形式へ変換するDatetimeOutputParserをインポートしています。

10行目では受け取りたいのは日時形式なのでプロンプトをリリース日を聞くように入力しています。

以上のようにOutput parsersを変更することで、取得できる構造化データが変えられることを確認できました。

出力形式を自分で定義する

これまでのOutput parsersはLangChainで用意されているものでしたが、ユーザーが定義した形式で受け取ることも可能です。「pydantic_output_parser.py」を新規作成し以下のように入力します。

● pydantic_output_parser.py

```
001 from langchain.chat_models import ChatOpenAI
002 from langchain.output_parsers import PydanticOutputParser
003 from langchain.schema import HumanMessage
004 from pydantic import BaseModel, Field, validator
005
```

```
006 chat = ChatOpenAI()
007
008 class Smartphone(BaseModel):    Pydanticのモデルを定義する
009     release_date: str = Field(description="スマートフォンの発
    売日")    Fieldを使って説明を追加する
010     screen_inches: float = Field(description="スマートフォン
    の画面サイズ(インチ)")
011     os_installed: str = Field(description="スマートフォンにイ
    ンストールされているOS")
012     model_name: str = Field(description="スマートフォンのモデ
    ル名")
013
014     @validator("screen_inches")    validatorを使って値を検証する
015     def validate_screen_inches(cls, field):
                validatorの引数には、検証するフィールドと値が渡される
016         if field <= 0:    screen_inchesが0以下の場合はエラーを返す
017             raise ValueError("Screen inches must be a
    positive number")
018         return field
019
020 parser = PydanticOutputParser(pydantic_object=Smartphone)
            PydanticOutputParserをSmartphoneモデルで初期化する
021
022 result = chat([    ChatモデルにHumanMessageを渡して、文章を生成する
023     HumanMessage(content="Androidでリリースしたスマートフォンを1
    個挙げて"),
024     HumanMessage(content=parser.get_format_instructions())
025 ])
026
027 parsed_result = parser.parse(result.content)
            PydanticOutputParserを使って、文章をパースする
028
029 print(f"モデル名: {parsed_result.model_name}")
```

ここではPydanticOutputParserを使ってOutput parsersを作成しています。

PydanticOutputParserは、言語モデルの出力をPydanticモデルに基づいてパースするための便利なツールです。Pydanticモデルは Python でデータ検証を行うライブラリで、型ヒントを使ってデータモデルを定義し、そのモデルに基づいてデータの解析と検証を行います。

PydanticOutputParserを使うメリットは以下の通りです。

・任意のデータ構造を表現できるPydanticモデルを使ってパースルールを柔軟に定義できる
・モデルの検証機能を活用して、パースしたデータの整合性を保証できる
・開発者がPydanticに明示的に定義したデータ構造に解析結果を合わせられる
・パース結果をPythonオブジェクトとして簡単に取得し、後続の処理で活用できる

　上記コードの8行目にあるSmartphoneクラスは、PydanticのBaseModelを継承したクラスで、スマートフォンの情報を表現するデータモデルです。このモデルは、スマートフォンの発売日（release_date）、画面サイズ（screen_inches）、インストールされているOS（os_installed）、モデル名（model_name）といった情報を持ちます。これらは、型ヒントを使用して定義され、さらにFieldを使ってそれぞれのフィールドの説明を追加しています。

　そして、Pydanticのvalidatorを使ってscreen_inchesの値が0より大きいことを確認する検証処理を追加しています。これにより、データをパースする際にscreen_inchesの値が0以下であればエラーが発生します。

　20行目ではPydanticOutputParserを初期化し、そのpydantic_objectパラメータに8行目で定義したSmartphoneクラスを渡しています。これにより、Chatモデルからの出力をSmartphoneモデルに基づいて解析できます。

　解析は27行目のparser.parse(result.content)で行われ、Chatモデルからの出力（result.content）をSmartphoneモデルに基づいて解析します。結果はparsed_resultに格納され、その各フィールド（model_name、screen_inches、os_installed、release_date）にアクセスすることで、パースした結果を取得できます。

　実際に以下のコマンドで上記のソースコードを実行してみましょう。

```
python3 pydantic_output_parser.py
```

　すると以下のような出力を確認できます。

```
モデル名: Samsung Galaxy S22
画面サイズ: 6.7インチ
OS: Android 12
スマートフォンの発売日: 2022-01-01
```

この出力はChatモデルから生成されたメッセージをSmartphoneモデルに基づいて解析した結果です。スマートフォンのモデル名、画面サイズ、インストールされているOS、発売日といった情報が適切に取得できています。

このように、PydanticOutputParserは特定の情報を持ったテキストを解析する際に役立ちます。特に、一定のフォーマットを持ったテキストを解析する必要がある場合や、特定の情報を抽出したい場合に便利です。

たとえば、商品情報を持ったテキストを解析して各商品の詳細情報を取得したり、天気予報のテキストから特定の日の天気を抽出したりすることが可能です。さらに、Pydanticの検証機能を使えば、解析したデータの正確性も確保できます。

誤った結果が返されたときに修正を指示できるようにする

今まで紹介したOutput parsersでは出力形式の指示をする処理と解析をする処理が存在し、言語モデルが出力への指示にきちんと答えられているという前提でしたが、言語モデルは従来の手続き型プログラミングと異なり、必ず指示を守れるとは限りません。

たとえば、65ページの「リスト形式で結果を受け取る」で作成した「list_output_parser.py」では、言語モデルが["iPhone", "Macbook", "iPad"]のような形式で結果を出力することで解析が可能になり、for文で結果を1つずつ取り出せるようになっていました。しかし、必要ない文章や、形式が若干異なる結果を返すことがあります。そのような結果が返されると今まで紹介したコードでは解析する処理（parser.parse()）の行でエラーが起きてしまいます。

実際のアプリケーション開発ではこのようなエラーが発生するのは避けるべきですが、このような問題を解決するためのOutput parsersも用意されています。先ほど作成した「pydantic_output_parser.py」をもとに実際にコードを書いて動きを見ていきましょう。

● pydantic_output_parser.py

```
001  from langchain.chat_models import ChatOpenAI
002  from langchain.output_parsers import OutputFixingParser
                            ── OutputFixingParserを追加
003  from langchain.output_parsers import PydanticOutputParser
004  from langchain.schema import HumanMessage
005  from pydantic import BaseModel, Field, validator
006
```

```
007 chat = ChatOpenAI()
008
009 class Smartphone(BaseModel):
010     release_date: str = Field(description="スマートフォンの発
    売日")
011     screen_inches: float = Field(description="スマートフォン
    の画面サイズ(インチ)")
012     os_installed: str = Field(description="スマートフォンにイ
    ンストールされているOS")
013     model_name: str = Field(description="スマートフォンのモデ
    ル名")
014
015     @validator("screen_inches")
016     def validate_screen_inches(cls, field):
017         if field <= 0:
018             raise ValueError("Screen inches must be a
    positive number")
019         return field
020
021
022 parser = OutputFixingParser.from_llm(
```
        ── OutputFixingParserを使用するように書き換え
```
023     parser=PydanticOutputParser(pydantic_object=
    Smartphone),── parserを設定
024     llm=chat── 修正に使用する言語モデルを設定
025 )
026
027 result = chat([HumanMessage(content="Androidでリリースした
    スマートフォンを1個挙げて"), HumanMessage(content=parser.get_
    format_instructions())])
028
029 parsed_result = parser.parse(result.content)
030
031 print(f"モデル名: {parsed_result.model_name}")
032 print(f"画面サイズ: {parsed_result.screen_inches}インチ")
033 print(f"OS: {parsed_result.os_installed}")
034 print(f"スマートフォンの発売日: {parsed_result.release_date}")
```

　コードの変更箇所だけ見ていきましょう。2行目ではOutputFixingParserをインポートしています。OutputFixingParserは先ほど説明した誤った結果を出力したら

再実行するためのOutput parsersです。

22行目でOutputFixingParserを初期化しています。OutputFixingParserは Output parsersのリトライをするためのOutput parsersなので、23行目のように リトライする対象のOutput parsersを入力する必要があります。

24行目はリトライするために使用するLanguage modelsを設定します。

あとは、同じように実行することで失敗したときにのみ再実行されるようになります。

Hugging Face でさまざまな AI を試す

Hugging Face（https://huggingface.co）は AI のモデルや情報共有を目的にしたプラットフォームです。大規模言語モデルに限らず、さまざまなソースコードのほか、モデルや簡単に AI を試せる UI も公開されています。Meta や Microsoft などの企業や、団体、個人がさまざまな AI を公開しており、Web ブラウザから簡単に利用できます。

例として、Hugging Face で公開されている AI の 1 つである「Music Gen」（https://huggingface.co/spaces/facebook/MusicGen）を紹介します。この AI は、音楽のジャンルやメロディを入力することで、指示に従った音楽を生成できます。

用意されているサンプルから AI を実行してみましょう。テーブルで「An 80s driving pop song with heavy drums and synth pads in the background」と表示されている部分をクリックしてみてください。その後、[Generate] をクリックすると、音楽が生成されて再生できることが確認できます。

このよう文章から音楽を生成する AI は「Text To Music」と呼ばれています。また、文章を音声に変換する「Text To Speech」や、文章から画像を生成する「Text To Image」など、Hugging Face ではさまざまな種類の AI が公開されています。

これらの AI はブラウザで簡単に使えるので、手軽に試すことができます。言語モデル以外の AI と LangChain を組み合わせることで、言語モデルだけではできないことができるようになるかもしれません。ぜひ使ってみてください。

Retrieval -
未知のデータを
扱えるようにする

section
01

言語モデルが未知のデータを扱えるようにするためには

💬 AIが知らないことを
答えさせよう

Retrievalは言語モデルが学習していない概念や情報を扱えるようにするための
モジュールです。このセクションでは基本的な仕組みを学んでいきましょう。

▌ 知らない情報に基づいた回答ができる仕組み

　GPTなどの言語モデルは、学習した情報をもとに回答を生成しますが、逆にいえば学習していない内容については回答できません。そのため一般に公開していない企業独自のマニュアルや、言語モデルが学習した時点で存在しない知識や概念については答えられません。

　この問題を解決する手法の1つに、Retrieval-Augmented Generation（RAG）があります。RAGは主に言語モデルを使ったFAQシステムの開発で使用されており、まずユーザーが入力した内容に関連する情報を外部のデータベースなどから検索し、その情報を使ってプロンプトを作成して言語モデルを呼び出します。これにより、学習していない知識や情報にも回答できるようになります。

　簡単にいうと、RAGは言語モデルが知らない情報について答えさせる手法です。そのため、言語モデルに答えさせる情報源（上の例でいうデータベースなど）が必要です。ここでは例として、架空の空飛ぶ車の交通ルールに関する法律条文を用意しました。この「言語モデルが確実に知らない情報」をもとに回答を生成してみましょう。

飛行車高度制限法

第1条（目的）
本法は、飛行車の飛行における高度の制限に関する基準を定めることを目的とする。

第2条（定義）
本法において「飛行車」とは、空を飛行する能力を有する車両を指す。

第3条（一般的な飛行高度制限）
都市部において飛行車が飛行する場合の最大高度は、地上から300メートルとする。
都市部以外の地域において飛行車が飛行する場合の最大高度は、地上から500メートルとする。

第4条（特例の飛行高度）
緊急車両、公的機関の車両、及び関連する公的任務を遂行する車両については、第3条の制限を超える高度での飛行が許可される。
第1項の特例を適用する場合、関連する機関からの許可を受けた上で飛行するものとする。

第5条（高度制限違反の罰則）
本法に違反して高度制限を超えて飛行した者は、100万円以下の罰金に処する。
重大な事故を招いた場合、第1項の罰金の他、1年以下の懲役または200万円以下の罰金に処する。

第6条（監督・指導）
国は、飛行車の高度制限の実施を監督し、適切な指導を行うものとする。

　「飛行車は地上何メートルまでを飛行することができますか？」という質問に答えさせるために、条文から質問の答えに該当する「地上何メートルまで飛行できるか」という情報を探して、次のようなプロンプトを入力します。

文章を元に質問に答えてください。

文章：

第3条（一般的な飛行高度制限）
都市部において飛行車が飛行する場合の最大高度は、地上から300メートルとする。
都市部以外の地域において飛行車が飛行する場合の最大高度は、地上から500メートルとする。

第4条（特例の飛行高度）
緊急車両、公的機関の車両、及び関連する公的任務を遂行する車両については、第3条の制限を超える高度での飛行が許可される。
第1項の特例を適用する場合、関連する機関からの許可を受けた上で飛行するものとする。

質問：飛行車は地上何メートルまでを飛行することができますか？

　このプロンプトを使って言語モデルを呼び出すと、次のような回答が得られます。

3

Retrieval - 未知のデータを扱えるようにする

都市部において飛行車が飛行する場合の最大高度は、地上から300メートルです。都市部以外の地域において飛行車が飛行する場合の最大高度は、地上から500メートルです。ただし、緊急車両、公的機関の車両、及び関連する公的任務を遂行する車両については、これらの制限を超える高度での飛行が許可されることもあります。

　正しく回答できたことがわかります。このようにRAGでは、プロンプトに**情報源の文章**、**質問**、**文章をもとに回答するように指示**を含めることで、言語モデルが知らない情報に基づいた回答を生成できます。
　この手法では、アプリケーションで質問を受けると、次の手順で処理が行われます。

1. ユーザーからの質問を受け取る　（飛行車は地上何メートルまでを飛行することができますか？）
2. 用意してある文章から回答に必要な部分を探す　（第3条（一般的な飛行高度制限）、第4条（特例の飛行高度））
3. 文章の関連する部分とユーザーの質問を組み合わせてプロンプトを作成する
4. 作成したプロンプトで言語モデルを呼び出し、結果をユーザーへ返す

　Retrievalモジュールにはこれらの処理を行うための便利な機能が用意されています。

▍回答に必要な文章を探す方法が重要

　RAGでは、回答に必要な文章をどのように検索し取得するかが重要です。たとえばWikipediaやGoogle検索を使う場合、質問を入力して各Webサイトで検索し、ページを取得してプロンプトに埋め込むことで、言語モデルが知らない新しい知識や概念に関する回答ができます。しかし、手元のPDFファイルやExcelファイルを情報源とする場合の検索は簡単ではありません。そこで、検索が難しい情報源に対応するために、**テキストのベクトル化**を行い、検索を可能にします。

▍類似文章を検索するために必要なベクトル化とは

　RAGでは、用意された文章から質問に似た部分を見つけ、それを使ってプロンプトを作ります。
　人間は自然にどの部分が似ているかを理解できますが、コンピュータは理解できません。そこで、コンピュータが理解できるように、テキストを数値の組み合わせで表す処理がテキストのベクトル化です。

たとえば「バナナ」、「猿」、「人間」という単語を大きさと温度という軸（ベクトル）で表してみましょう。

この3つを2つの軸で表すと人間の位置は、バナナより猿に近くなります。これで、人間はバナナより猿に似ていることがわかります。

このように、単語や文章はベクトルで表現できます。ベクトルはコンピュータで数値として扱えるため、計算によって似ているかどうかを求められます。このように、意味を考慮しながら数値で表現することをテキストのベクトル化といいます。

言語モデルを使ってテキストをベクトル化する

実際の開発ではたくさんの文章を扱うことが多いため、人力でテキストをベクトル化するのは難しく、コンピュータを活用します。しかし、ベクトル化は文章内の単語同士のつながりや文脈を考慮する必要があるため、簡単な処理ではできません。

そこで用いるのが言語モデルです。OpenAIは、「text-embedding-ada-002」という言語モデルをAPIで提供しており、これを使うことで意味を考慮したテキストのベクトル化を簡単に行えます。

ベクトルの類似度を検索する

先ほど紹介した「text-embedding-ada-002」を使ってテキストのベクトル化を行い、どれくらい似ているかの類似度を計算してみましょう。

以下はこの後の実際のアプリケーション開発では使わず、説明を意図したものです。入力したり実行したりする必要はありません。

3

Retrieval － 未知のデータを扱えるようにする

● sample_vector.py

```
001  from langchain.embeddings import OpenAIEmbeddings
                                        ── OpenAIEmbeddingsをインポート
002  from numpy import dot── ベクトルの類似度を計算するためにdotをインポート
003  from numpy.linalg import norm
                              ── ベクトルの類似度を計算するためにnormをインポート
004
005  embeddings = OpenAIEmbeddings(── OpenAIEmbeddingsを初期化する
006      model="text-embedding-ada-002"
007  )
008
009  query_vector = embeddings.embed_query("飛行車の最高速度は？")
                                            ── 質問をベクトル化
010
011  print(f"ベクトル化された質問: {query_vector[:5]}")
                                    ── ベクトルの一部を表示
012
013  document_1_vector = embeddings.embed_query("飛行車の最高速度は
     時速150キロメートルです。")── ドキュメント1のベクトルを取得
014  document_2_vector = embeddings.embed_query("鶏肉を適切に下味を
     つけた後、中火で焼きながらたまに裏返し、外側は香ばしく中は柔らかく仕上
     げる。")── ドキュメント2のベクトルを取得
015
016  cos_sim_1 = dot(query_vector, document_1_vector) /
     (norm(query_vector) * norm(document_1_vector))
                                    ── ベクトルの類似度を計算
017  print(f"ドキュメント1と質問の類似度: {cos_sim_1}")
018  cos_sim_2 = dot(query_vector, document_2_vector) /
     (norm(query_vector) * norm(document_2_vector))
                                    ── ベクトルの類似度を計算
019  print(f"ドキュメント2と質問の類似度: {cos_sim_2}")
```

　これを実行すると以下のように出力され、ベクトル化された質問と、それぞれの文章との類似度が計算できたことがわかります。

```
ベクトル化された質問: [-0.0006813086811130821,
0.008297918375356044, -0.004879074643285489,
-0.021192388637018403, -0.008634407084653815]
ドキュメント1と質問の類似度: 0.9275771977223437
```

> ドキュメント2と質問の類似度: 0.7429488175337393

　「sample_vector.py」の9行目のベクトル化した質問と13行目のドキュメント1の類似度を計算すると、0.9275771977223437になり、ドキュメント2の類似度である0.7429488175337393より数が大きいですね。このことから、ドキュメント1のほうが質問と類似していることが計算によりわかりました。
　コードを詳しく見ていきましょう。

● sample_vector.py

```
005 embeddings = OpenAIEmbeddings(      OpenAIEmbeddingsを初期化する
006     model="text-embedding-ada-002"
007 )
```

　5行目ではOpenAIが提供するベクトル化のための言語モデルを扱うためにOpenAIEmbeddingsを初期化しています。
　そして6行目ではベクトル化を行うための言語モデルである「text-embedding-ada-002」を指定しています。

ベクトル化を行う
● sample_vector.py

```
009 query_vector = embeddings.embed_query("飛行車の最高速度は？")
                                              質問をベクトル化
010
011 print(f"ベクトル化された質問: {query_vector[:5]}")
                                              ベクトルの一部を表示
```

　9行目ではテキストのベクトル化を行い、11行目で結果を表示しています。
　「text-embedding-ada-002」ではテキストのベクトル化を行うと1536次元のベクトルを出力します。つまり、1536個の数値を持った配列が出力されることになります。

ベクトルの類似度を計算する

● sample_vector.py

```
013  document_1_vector = embeddings.embed_query("飛行車の最高速度は
     時速150キロメートルです。")──ドキュメント1のベクトルを取得

014  document_2_vector = embeddings.embed_query("鶏肉を適切に下味を
     つけた後、中火で焼きながらたまに裏返し、外側は香ばしく中は柔らかく仕上
     げる。")──ドキュメント2のベクトルを取得

015

016  cos_sim_1 = dot(query_vector, document_1_vector) /
     (norm(query_vector) * norm(document_1_vector))
                                       ──ベクトルの類似度を計算

017  print(f"ドキュメント1と質問の類似度: {cos_sim_1}")

018  cos_sim_2 = dot(query_vector, document_2_vector) /
     (norm(query_vector) * norm(document_2_vector))
                                       ──ベクトルの類似度を計算

019  print(f"ドキュメント2と質問の類似度: {cos_sim_2}")
```

　次に、13行目と14行目で文章（ドキュメント）のベクトル化を行い、16行目と18行目でそれぞれの文章と質問のベクトル間の類似度を計算しています。ベクトルの類似度計算を行う方法はいくつかありますが、「text-embedding-ada-002」ではコサイン類似度を使用して類似度を計算することが推奨されています。これは、2つのベクトル間の角度のコサインを用いて類似度を計算する手法で、0から1の値をとり、1に近いほど類似度が高いとされます。

　このように、テキストのベクトル化と類似度計算を行うことで、大量の文章から特定の質問に対する最も関連性の高い回答を探し出すことが可能になります。

▍ベクトルの類似性検索でRAGを組み込む具体的な手順

　次のセクション2では、テキストをベクトル化し、質問と類似した文章をもとにする手法で実際にアプリケーションを構築します。

　このアプリケーションではユーザーの質問を受け付ける前に行う**事前準備**と、ユーザーの質問が送られたタイミングで行う**検索**と**プロンプト構築**の2種類の処理を作成します。

　各ステップについて簡単に見ていきましょう。

事前準備

　この事前準備の目的は、情報源となる文書から**データベースを作成する**ことで質問から**検索できる**ようにすることです。

　情報源がPDFやテキストファイルである場合は、そこに含まれるすべてのテキストを抽出してからベクトル化を行い、それらをデータベースに保存する必要があります。このようにベクトルと文章のセットをデータベースにすることで、ベクトルから類似した文章が検索できるようになります。

検索とプロンプト構築

　ユーザーの処理を受け付けたときに行う処理が、検索とプロンプト構築です。

　事前準備で作成したデータベースで、質問と類似したベクトルを検索することで情報源となる文章を複数取得します。次に、取得した文章と質問を組み合わせて、プロンプトを構築します。

　ここからは、これらのステップについて詳しい処理の内容を見ていきましょう。

事前準備

　まずは情報源となる文章を検索できるデータベースを構築します。このデータベース構築のステップは以下の通りです。

① テキスト抽出
② テキスト分割
③ テキストのベクトル化
④ テキストとベクトルをベクトルデータベースに保存

　各ステップについて詳しく見ていきましょう

① テキスト抽出（Document loaders）

　RAG（Retrieval-Augmented Generation）手法で言語モデルに未知の情報を扱わせるには、もととなる情報が必要です。この情報はテキスト形式である必要がありますが、すべての情報が簡単にテキスト化できるわけではありません。

　たとえば、数ページのPDFならば、中に含まれる文章を手動でコピー＆ペーストしてテキスト化してもよいですが、数十～数百ページに及ぶPDFの情報を取り扱いたい場合、手作業では無理があります。このような問題へ対応するために、情報取得元となるテキストの準備を補助するのがDocument loadersモジュールです。

PDFやExcelなどのファイルだけでなく、URLを入力することで、Webページ内のテキストのみ取り出すような高機能なものもあります。

このようにDocument loadersでできることは情報源となるテキスト形式の文章を用意することです。なお、もとの情報がすでにテキスト形式である場合にはDocument loadersは必要ありません。

② テキスト分割（Text splitters）

用意されている文章がRAG手法で使用するために適切な長さであるとは限りません。あまりに長いテキストは言語モデルが扱える文字数の限界を超えてしまいます。したがって、適切な長さに分割する必要がありますが、抽出されたテキストには当然意味があり破綻しない位置で分割する必要があります。

たとえば以下のテキストを2つに分割する場合を考えてみましょう。

> 未来の交通手段として夢見られてきた空飛ぶ車、それが「エアロモービル・フュージョン」です。地上を走行する一般的な車としての機能と、空を飛ぶ飛行機としての2つの性能を併せ持ったこの画期的な乗り物は、未来の移動手段を革命的に変えること間違いありません。

この文章を単純に2等分すると以下のようになります。

> 未来の交通手段として夢見られてきた空飛ぶ車、それが「エアロモービル・フュージョン」です。地上を走行する一般的な車としての機

> 能と、空を飛ぶ飛行機としての2つの性能を併せ持ったこの画期的な乗り物は、未来の移動手段を革命的に変えること間違いありません。

これでは意味が破綻してしまい、適切な検索ができません。

そのため、文章構造を考慮して以下のように分割する必要があります。

> 未来の交通手段として夢見られてきた空飛ぶ車、それが「エアロモービル・フュージョン」です。

> 地上を走行する一般的な車としての機能と、空を飛ぶ飛行機としての2つの性能を併せ持ったこの画期的な乗り物は、未来の移動手段を革命的に変えること間違いありません。

　このように分割するには日本語として文章構造を解析し、どこで分割すれば文章構造が破綻しないか解析する必要があります。

　この適切な位置で分割するための機能を提供するのがText splittersで、分割方法に合わせてさまざまな種類が用意されています。

　104ページで解説するSpacyTextSplitterでは日本語として主語述語などを解析し、適切な位置で分割できます。

　このようにText splittersは適切な位置で適切な長さで文章を分割する手法を提供します。

③ テキストのベクトル化(Text embedding models)

　ベクトル化の目的は後のステップで意味が近い文章を検索できるようにすることです。そして、93ページで説明したようにテキストのベクトル化には言語モデルを使用しますが、このためにRetrievalモジュールにはText embedding modelsが用意されています。

　LangChainでは、さまざまな開発元の言語モデルを簡単に使用するためのText embedding modelsとして、たとえば先ほど紹介したOpenAIのテキストをベクトル化するためのOpenAIEmbeddingsや、Metaが開発したLlamaを使ったllama.cppを使用するLlamaCppEmbeddingsなどがあります。

④ テキストとベクトルをデータベースに保存(Vector stores)

　今までのステップで、分割された文章（複数のテキスト）と、テキストをベクトル化した数値の配列の準備ができました。これらを保存するのに特化したデータベースがベクトルデータベースです。

　PineconeやChromaDBなどさまざまな種類のベクトルデータベースが存在しており、これらのベクトルデータベースに簡単にデータを投入するための機能がVector storesです。

　ここまでが事前準備のステップとなります。

▌ 検索とプロンプト構築

　検索とプロンプト構築では、以下4つのステップをユーザーからの質問を受けたときに実行します。

① ユーザーからの入力をベクトル化
② ユーザー入力のベクトルを事前準備したデータベースで検索して、文章を取得する

③ 取得した類似文章と質問を組み合わせてプロンプトを作成
④ 作成したプロンプトを使って言語モデルを呼び出す

　各ステップの処理を具体的に見ていきましょう。

① ユーザーからの入力をベクトル化（Text embedding models）
　前述の通り、意味的に近い単語や文章はベクトルが近い値になります。このステップでは事前準備の「③テキストをベクトル化（Text embedding models）」で行ったのと同じ方法でユーザーからの質問をベクトル化します。

② ユーザー入力のベクトルを事前準備したデータベースで検索して、
　文章を取得する（Vector stores）
　事前準備ではベクトルデータベースにデータを保存していましたが、ここでは①で得られたベクトル化された質問を、ベクトルデータベースで検索します。これにより類似した文章を複数取得できます。

③ 取得した類似文章と質問を組み合わせてプロンプトを作成（PromptTemplate）
　59ページで紹介したModel I/OモジュールのPromptTemplateを使い、類似文章と質問を組み合わせます。このように取得した文章とユーザーの質問を組み合わせてプロンプトを作成することで、言語モデルが知らない情報から回答を生成できます。

④ 作成したプロンプトを使って言語モデルを呼び出す（Language models）
　Model I/OモジュールのChat models（言語モデル）を、作成したプロンプトをもとに呼び出します。

　以上がRAG手法を使って特定の文章に基づいてチャットボットに質問に答えさせる方法となります。
　次のセクションでは実際にコードを書いてみましょう。

#PDF ／ #RAG

与えたPDFをもとに回答する
チャットボットを作る

外部データを
読み込ませよう

ここでは実際にLangChainを使い、RAG手法でPDFに含まれる情報に基づい
て質問に答えるチャットボットを作成してみましょう。

3

Retrieval − 未知のデータを扱えるようにする

PDFから文章を読み込む

まずはDocument loadersであるPyMuPDFLoaderを使ってPDFからテキスト
を読み込む準備をしましょう。PyMuPDFLoaderでPDFファイルを読み込むには
pymupdfというパッケージが必要です。以下のコマンドを実行してパッケージを追
加してください。

```
python3 -m pip install pymupdf==1.22.5
```

次に、PyMuPDFLoaderで読み込むPDFを用意しましょう。以下のURLを開いて
PDFファイルをダウンロードしてください。

・sample.pdf
https://raw.githubusercontent.com/harukaxq/langchain-book/master/asset/
sample.pdf

次に26ページの「Pythonの実行環境を整える」で作成した「langchain_book」
ディレクトリへ移動し、「03_retrieval」という名前で新規ディレクトリを作成しま
しょう。PDFファイルのダウンロードが完了したら「03_retrieval」ディレクトリに
「sample.pdf」という名前でコピーしてください。完了したらVS Codeの［ファイル］
メニュー→［新しいテキストファイル］から、「prepare_1.py」というファイルを作成
し、以下の通りに入力してください。

● prepare_1.py
```
001 from langchain.document_loaders import PyMuPDFLoader
002
003 loader = PyMuPDFLoader("./sample.pdf")──sample.pdfを読み込む
004 documents = loader.load()
```

```
005
006 print(f"ドキュメントの数: {len(documents)}")
                                              ━━ ドキュメントの数を確認する
007 print(f"1つめのドキュメントの内容: {documents[0].
    page_content}")━━ 1つめのドキュメントの内容を確認する
008 print(f"1つめのドキュメントのメタデータ: {documents[0].
    metadata}")━━ 1つめのドキュメントのメタデータを確認する
```

次にVS Codeのターミナルで、以下のように実行します。

```
python3 prepare_1.py
```

すると、以下のような結果が確認できます。

```
ドキュメントの数: 13
1つめのドキュメントの内容: 飛行車に関する法制度
【注意】この文章は、架空の飛行車を対象にした法律の自動生成例です。
```

```
1つめのドキュメントのメタデータ: {'source': './sample.pdf',
'file_path': './sample.pdf', 'page': 0, 'total_pages': 13,
'format': 'PDF 1.4', 'title': '飛行車に関する法制度', 'author':
'', 'subject': '', 'keywords': '', 'creator': '', 'producer':
'Skia/PDF m117 Google Docs Renderer', 'creationDate': '',
'modDate': '', 'trapped': ''}
```

　もし次のようなエラーが表示される場合はファイル名が正しいか、python3 コマンドを実行しているディレクトリと同じ位置に「sample.pdf」ファイルがあるか確認しましょう。

```
ValueError: File path ./sample.pdf is not a valid file or url
```

　コードのポイントを見ていきましょう。

● prepare_1.py
```
003 loader = PyMuPDFLoader("./sample.pdf")━━ sample.pdfを読み込む
004 documents = loader.load()
```

　3行目でファイル名を指定し、PyMuPDFLoaderを初期化することでPDFファイルを読み込む準備をしています。次の4行目のloadメソッドでPDFファイルから情報を読み込みます。

　loadメソッドでは文章の配列を返します。LangChainでは1つの文章をDocumentというクラスで表現しています。ドキュメントの内容であるpage_contentと、どのようなドキュメントかを保存するためのmetadataを持っています。Documentクラスとすることで文章自体がどのようなものかという情報を保存できるようになるだけでなく、さまざまなモジュールで扱いやすい形となっています。

　PyMuPDFLoaderでは1ページごとに1つの文章（Document）が作成されます。つまり、PyMuPDFLoaderでは1つのPDFファイルをロードすると、ページ数分のDocumentが配列で返されることになります。

● prepare_1.py

```
006  print(f"ドキュメントの数: {len(documents)}")
```
────ドキュメントの数を確認する

　6行目では、loadメソッドで返されたdocuments変数の値を、len関数を使って配列として表示しています。結果を見ると以下のように13個取得できていることがわかり、PDFファイルのページ数と一致しているのでページ数分のDocumentが取得できています。

```
ドキュメントの数: 13
```

● prepare_1.py

```
007  print(f"1つめのドキュメントの内容: {documents[0].
     page_content}")
```
────1つめのドキュメントの内容を確認する
```
008  print(f"1つめのドキュメントのメタデータ: {documents[0].
     metadata}")
```
────1つめのドキュメントのメタデータを確認する

　7行目と8行目で、print文でDocumentのpage_contentとmetadataの中身を表示しています。結果は以下のようになり、PDFのテキストと、ファイル名やページ番号などの情報がmetadataに保存されていることがわかります。

3

Retrieval - 未知のデータを扱えるようにする

1つめのドキュメントの内容: 飛行車に関する法制度
【注意】この文章は、架空の飛行車を対象にした法律の自動生成例です。

1つめのドキュメントのメタデータ: {'source': './sample.pdf',
'file_path': './sample.pdf', 'page': 0, 'total_pages': 13,
'format': 'PDF 1.4', 'title': '飛行車に関する法制度', 'author':
'', 'subject': '', 'keywords': '', 'creator': '', 'producer':
'Skia/PDF m117 Google Docs Renderer', 'creationDate': '',
'modDate': '', 'trapped': ''}

　page_contentは必須ですが、metadataの項目は特に制限がありません。そのためmetadataには各Document loadersでもととなっている情報源に関する情報を入れるケースが多いようです。

　以上でLangChainを使って数行のコードでPDFファイルをテキストとして簡単に読み込むことができました。

文章を分割する

　文章がPDFから取得された場合、RAG手法で処理するには長すぎることがあるため、98ページで紹介したText splittersモジュールで文脈を保ちつつ適切に文章を分割する必要があります。LangChainでは、このようなテキスト分割のためのさまざまな方法が提供されています。今回はspaCyを使用して文章の分割を行ってみましょう。

　spaCyはPythonで開発された自然言語処理ライブラリです。自然言語処理とは、人間が日常生活で使用する言語をコンピュータが理解し、解析できるようにするための一連の技術です。spaCyライブラリでは、文章の分かち書き、品詞判定、名詞句抽出、構文解析など、幅広い言語解析機能を提供します。

　LangChainではspaCyと連携し文章を分割するための機能が提供されています。この機能を活用して、適切に文章を分割してみましょう。

　まずは以下を実行し、spaCyをインストールしてください。

```
python3 -m pip install spacy==3.5.4
```

　spaCyで言語処理を行うためには、対象となる言語の「モデル」と呼ばれるデータをダウンロードする必要があります。

　以下のコマンドを実行し、日本語に対応したダウンロードを行いましょう。

```
python3 -m spacy download ja_core_news_sm
```

　完了したら「prepare_1.py」を「prepare_2.py」というファイル名でコピーし以下のように編集します。

● prepare_2.py

```
001 from langchain.document_loaders import PyMuPDFLoader
002 from langchain.text_splitter import SpacyTextSplitter
                                          ── SpacyTextSplitterをインポート
003
004 loader = PyMuPDFLoader("./sample.pdf")
005 documents = loader.load()
006
007 text_splitter = SpacyTextSplitter( ── SpacyTextSplitterを初期化する
008     chunk_size=300, ── 分割するサイズを設定
009     pipeline="ja_core_news_sm" ── 分割に使用する言語モデルを設定
010 )
011 splitted_documents = text_splitter.
    split_documents(documents) ── ドキュメントを分割する
012
013 print(f"分割前のドキュメント数: {len(documents)}")
014 print(f"分割後のドキュメント数: {len(splitted_documents)}")
015
```

　入力が完了したらVS Codeのターミナルで次のコマンドを実行してみましょう。

```
python3 prepare_2.py
```

　すると、以下のような結果が確認できます。

```
分割前のドキュメント数: 13
分割後のドキュメント数: 54
```

　追加されたコードと出力結果について詳しく見ていきましょう。

● prepare_2.py

```
002  from langchain.text_splitter import SpacyTextSplitter
                                        ── SpacyTextSplitterをインポート

        ~~~省略~~~

007  text_splitter = SpacyTextSplitter(── SpacyTextSplitterを初期化する
008      chunk_size=300,── 分割するサイズを設定
009      pipeline="ja_core_news_sm"── 分割に使用する言語モデルを設定
010  )
011  splitted_documents = text_splitter.
     split_documents(documents)── ドキュメントを分割する
```

　2行目でSpacyTextSplitterをインポートし、7〜10行目でSpacyTextSplitterのインスタンスを作成しています。ここでは、chunk_sizeパラメータを用いて文章を分割するサイズを指定しています。また、pipelineパラメータでは分割に使用するspaCyの言語モデルを指定しています。

　次に、11行目のsplit_documents(documents)メソッドを使って、読み込んだPDFの各ページをさらに分割する処理を行っています。この結果をsplitted_documents変数に格納します。

● prepare_2.py

```
013  print(f"分割前のドキュメント数: {len(documents)}")
014  print(f"分割後のドキュメント数: {len(splitted_documents)}")
```

　最後に、13〜14行目で分割前と分割後のドキュメント数を表示しています。この結果から、もとの13ページのPDFが54の小さな文章に分割されたことが確認できます。これにより、RAG手法で扱いやすいサイズの文章に分割できました。

分割した文章をベクトル化し、データベースに保存する

　次に文章のベクトル化とデータベースへの保存を行います。94ページで紹介したサンプルと同じように、OpenAIのembeddingモデルである「text-embedding-ada-002」を使用しベクトル化を行い、ベクトルデータベースに保存しましょう。

　OpenAIのembeddingを利用するためにはPythonのパッケージであるtiktokenが必要なので、以下を実行してインストールしましょう。

```
python3 -m pip install tiktoken==0.3.3
```

　また、今回はベクトルデータベースとしてChromaを使用します。Chromaとは、インストールするだけで簡単に動作させることができるオープンソースのベクトルデータベースです。
　以下のコマンドでChromaをインストールしましょう。

```
python3 -m pip install chromadb==0.3.26
```

　完了したら「prepare_2.py」を「prepare_3.py」というファイル名でコピーし以下のように編集します。

● prepare_3.py
```
001 from langchain.document_loaders import PyMuPDFLoader
002 from langchain.embeddings import OpenAIEmbeddings
                                    ── OpenAIEmbeddingsをインポート
003 from langchain.text_splitter import SpacyTextSplitter
004 from langchain.vectorstores import Chroma ── Chromaをインポート
005
006 loader = PyMuPDFLoader("./sample.pdf")
007 documents = loader.load()
008
009 text_splitter = SpacyTextSplitter(
010     chunk_size=300,
011     pipeline="ja_core_news_sm"
012 )
013 splitted_documents = text_splitter.
    split_documents(documents)
014
015 embeddings = OpenAIEmbeddings( ── OpenAIEmbeddingsを初期化する
016     model="text-embedding-ada-002" ── モデル名を指定
017 )
018
019 database = Chroma( ── Chromaを初期化する
020     persist_directory="./.data", ── 永続化データの保存先を指定
021     embedding_function=embeddings ── ベクトル化するためのモデルを指定
022 )
```

```
023
024 database.add_documents(──ドキュメントをデータベースに追加
025     splitted_documents,──追加するドキュメント
026 )
027
028 print("データベースの作成が完了しました。")──完了を通知する
```

保存が完了したら以下のコマンドを実行してみましょう。

```
python3 prepare_3.py
```

すると以下のような結果が出力されます。

データベースの作成が完了しました。

追加されたコードを見ていきましょう。

● prepare_3.py
```
002 from langchain.embeddings import OpenAIEmbeddings
                              ── OpenAIEmbeddingsをインポート
    ~~~省略~~~
015 embeddings = OpenAIEmbeddings(── OpenAIEmbeddingsを初期化する
016     model="text-embedding-ada-002"──モデル名を指定
017 )
```

　まず、2行目でOpenAIEmbeddingsをインポートし、15～17行目で初期化していま
す。ここでは、modelパラメータにOpenAIのembeddingモデルの名前を指定し
ます。

● prepare_3.py
```
004 from langchain.vectorstores import Chroma── Chromaをインポート
    ~~~省略~~~
019 database = Chroma(── Chromaを初期化する
020     persist_directory="./.data",──永続化データの保存先を指定
021     embedding_function=embeddings──ベクトル化するためのモデルを指定
```

```
022 )
023
024 database.add_documents(——[ドキュメントをデータベースに追加]
025     splitted_documents,——[追加するドキュメント]
026 )
027
028 print("データベースの作成が完了しました。")——[完了を通知する]
```

次に、4行目でChromaをインポートし、19〜22行目でChromaのインスタンスを作成しています。ここでは、persist_directoryパラメータでデータベースの保存先ディレクトリを指定しています。

このようにpersist_directoryを設定することで、データベースの状態が「.data」というディレクトリに保存され、pythonコマンドの実行が終了してもデータベースの中身が削除されないようになります。

21行目では、embedding_functionパラメータで文章をベクトル化する言語モデルを指定しています。今回のコードでは、先ほど作成したOpenAIのembeddingモデルのインスタンスを指定しています。

最後に24〜26行目で、add_documentsメソッドの引数に、分割されたDocumentの配列を設定し呼び出しています。このメソッドではDocumentをベクトル化し、データベースに追加することができます。

以上で、LangChainを使ってPDFから文章を読み込み、文章を適切なサイズに分割し、その文章をベクトル化してデータベースに保存するまでの動作の確認と作業が完了しました。

次はベクトルデータベースで検索をしてみましょう。

ベクトルデータベースで検索を実行する

次はここまでのコードで作成したベクトルデータベースで検索を実行し実際に類似した文章を取得してみましょう。

VS Codeの［ファイル］メニュー→［新しいテキストファイル］から、「query_1.py」というファイルを作成し、以下の通りに入力してください。

● query_1.py

```
001 from langchain.embeddings import OpenAIEmbeddings
002 from langchain.vectorstores import Chroma
003
004 embeddings = OpenAIEmbeddings(
005     model="text-embedding-ada-002"
006 )
007
008 database = Chroma(
009     persist_directory="./.data",
010     embedding_function=embeddings
011 )
012
013 documents = database.similarity_search("飛行車の最高速度は？")
```
─── データベースから類似度の高いドキュメントを取得
```
014 print(f"ドキュメントの数：{len(documents)}")
```
─── ドキュメントの数を表示
```
015
016 for document in documents:
017     print(f"ドキュメントの内容：{document.page_content}")
```
─── ドキュメントの内容を表示

編集が完了したら以下のコマンドを実行してください。

```
python3 query_1.py
```

実行すると以下のような出力が得られます。

```
ドキュメントの数：4
ドキュメントの内容：飛行車速度制限法
第1条（目的）
本法は、飛行車の飛行安全及び一般公共の利益を確保するため、飛行車の飛行速度
に関する
基準を定めることを目的とする。


第2条（定義）
本法において「飛行車」とは、地上及び空中を移動する能力を有する車両を指す。
～～～省略～～～
```

コードと出力について詳しく見ていきましょう。

● **query_1.py**

```
013 documents = database.similarity_search("飛行車の最高速度は？")
                           ─── データベースから類似度の高いドキュメントを取得
```

13行目では、similarity_searchメソッドを使って問い合わせ文と類似する文章を検索しています。このメソッドは、問い合わせ文とベクトルが近いDocumentのリストを返します。ここでは、"飛行車の最高速度は？"という問い合わせ文で検索を行っています。

● **query_1.py**

```
014 print(f"ドキュメントの数: {len(documents)}")─── ドキュメントの数を表示
015
016 for document in documents:
017     print(f"ドキュメントの内容: {document.page_content}")
                           ─── ドキュメントの内容を表示
```

次に、14〜17行目では検索結果を表示しています。まずはlen関数を使って検索結果の数を表示し、その後forループを使って検索結果の内容を表示しています。

実際に出力結果を見ると以下のように関連する文章が出力できていることがわかります。

```
ドキュメントの数: 4
ドキュメントの内容: 飛行車速度制限法
第1条（目的）
本法は、飛行車の飛行安全及び一般公共の利益を確保するため、飛行車の飛行速度
に関する
基準を定めることを目的とする。


第2条（定義）
```

ベクトルデータベースを作成し、質問から関連する文章を検索できました。

3

Retrieval - 未知のデータを扱えるようにする

> **Point** **OpenAI のベクトル化を行う言語モデルについて**
>
> このセクションで使用した、「text-embedding-ada-002」もトークン使用量に応じ
> た課金が行われます。
> 「gpt-3.5-turbo」とは異なり、入力トークンのみで課金されます。つまり、ベクトル
> 化した文字数に応じて課金が行われます。1,000 トークンあたり、$0.0004 となっ
> ており「gpt-3.5-turbo」と比べても安価に設定されています。また、最大入力トー
> クン数は 8,191 なので、「gpt-3.5-turbo」より多い文字数を扱えることがわかります。

検索結果と質問を組み合わせて質問に答えさせる

　次は先ほどの検索結果の文章と質問を組み合わせてプロンプトを作成し、言語モデ
ルを呼び出してみましょう。
　「query_1.py」を「query_2.py」というファイル名でコピーし以下のように編集し
ます。

● query_2.py

```
001 from langchain.chat_models import ChatOpenAI
                                    ─── ChatOpenAIをインポート
002 from langchain.embeddings import OpenAIEmbeddings
003 from langchain.prompts import PromptTemplate
                                 ─── PromptTemplateをインポート
004 from langchain.schema import HumanMessage
                               ─── HumanMessageをインポート
005 from langchain.vectorstores import Chroma
006
007 embeddings = OpenAIEmbeddings(
008     model="text-embedding-ada-002"
009 )
010
011 database = Chroma(
012     persist_directory="./.data",
013     embedding_function=embeddings
014 )
015
016 query = "飛行車の最高速度は？"
```

```
017
018 documents = database.similarity_search(query)
019
020 documents_string = ""      ドキュメントの内容を格納する変数を初期化
021
022 for document in documents:
023     documents_string += f"""
024 ---------------------------
025 {document.page_content}
026 """      ドキュメントの内容を追加
027
028 prompt = PromptTemplate(      PromptTemplateを初期化
029     template="""文章を元に質問に答えてください。
030
031 文章:
032 {document}
033
034 質問: {query}
035 """,
036     input_variables=["document","query"]      入力変数を指定
037 )
038
039 chat = ChatOpenAI(      ChatOpenAIを初期化
040     model="gpt-3.5-turbo"
041 )
042
043 result = chat([
044     HumanMessage(content=prompt.format(document=
    documents_string, query=query))
045 ])
046
047 print(result.content)
```

編集が完了したら保存し、以下のコマンドで実行してみましょう。

```
python3 query_2.py
```

すると以下のように出力されます。

> 飛行車の最高速度は、都市部での飛行では時速150キロメートル、都市部以外の地域での飛行では時速250キロメートルです。

類似文章をもとに言語モデルに質問に答えさせることができました。
追加されたコードについて見ていきましょう。

● query_2.py

```
001 from langchain.chat_models import ChatOpenAI
                                        ── ChatOpenAIをインポート
002 from langchain.embeddings import OpenAIEmbeddings
003 from langchain.prompts import PromptTemplate
                                        ── PromptTemplateをインポート
004 from langchain.schema import HumanMessage
                                        ── HumanMessageをインポート
```

まず、1〜4行目で必要なモジュールをインポートしています。ChatOpenAI、PromptTemplate、HumanMessageは、第2章のModel I/Oモジュールで紹介したモジュールです。

● query_2.py

```
016 query = "飛行車の最高速度は？"
017
018 documents = database.similarity_search(query)
019
020 documents_string = ""── ドキュメントの内容を格納する変数を初期化
021
022 for document in documents:
023     documents_string += f"""
024 --------------------------
025 {document.page_content}
026 """── ドキュメントの内容を追加
```

16行目に質問として「飛行車の最高速度は？」をquery変数に格納しています。
次に、20〜26行目で取得した文章を文字列結合することでプロンプトに埋め込むための文章を構築しdocuments_stringに格納しています。

● query_2.py

```
028 prompt = PromptTemplate(          PromptTemplateを初期化
029     template="""文章を元に質問に答えてください。
030
031 文章:
032 {document}
033
034 質問: {query}
035 """,
036     input_variables=["document","query"]          入力変数を指定
037 )
038
039 chat = ChatOpenAI(          ChatOpenAIを初期化
040     model="gpt-3.5-turbo"
041 )
042
043 result = chat([
044     HumanMessage(content=prompt.format(document=documents_
    string, query=query))
045 ])
046
047 print(result.content)
```

3

Retrieval – 未知のデータを扱えるようにする

　28行目ではPromptTemplateを使ってプロンプトを生成するためのテンプレートを作成しています。

　43〜45行目では情報源となる文章であるdocuments_stringと質問のqueryを組み合わせてプロンプトを生成し、ChatOpenAIで言語モデルにチャットを行います。

　最後に47行目で結果をprint関数で出力しています。

　以上が、Retrievalの各モジュールを使ってPDFから文章を読み込み、それを適切なサイズに分割し、それらの文章をベクトル化してデータベースに保存し、そのデータベースを使用して質問に答えるアプリケーションの実例です。

┃ チャット画面を作成する

　最後に、チャット画面をPythonで簡単に作成できるchainlitというライブラリを使用してブラウザから実際に使えるアプリケーションにしてみましょう。

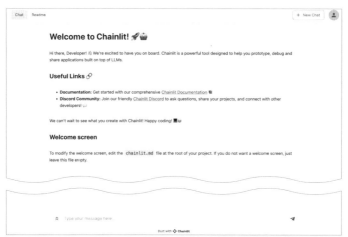

ChatGPTのようなUIのチャット画面でやりとりを行えるchainlit。ここではコードから呼び出して利用する

chainlitはあくまでチャット画面を作れるようにするだけのライブラリです。LangChainとは別のライブラリですが、組み合わせることで簡単にLangChainをチャット画面から使えるようになります。

まずは以下のコマンドを実行してchainlitをインストールします。

```
python3 -m pip install chainlit==0.5.1
```

次にVS Codeの［ファイル］メニュー→［新しいテキストファイル］から、「chat_1.py」というファイルを作成し、以下の通りに入力してください。

● chat_1.py

```
001 import chainlit as cl
002
003
004 @cl.on_chat_start ── チャットが開始されたときに実行される関数を定義する
005 async def on_chat_start():
006     await cl.Message(content="準備ができました！メッセージを入力
    してください！").send() ── 初期表示されるメッセージを送信する
007
008 @cl.on_message ── メッセージが送信されたときに実行される関数を定義する
009 async def on_message(input_message):
```

```
010     print("入力されたメッセージ: " + input_message)
011     await cl.Message(content="こんにちは!").send()
```
━━ Chatbotからの返答を送信する

入力が完了したら以下のコマンドを実行してchainlitを実行しましょう。

```
chainlit run chat_1.py
```

今回はpython3コマンドではなく、chainlitコマンドを使用しているので注意しましょう。

このコマンドについて解説すると、サブコマンドであるrunはサーバーを開始することを表しており、続く「chat_1.py」は実行するpythonのファイル名を表します。

実行が成功すると、Webブラウザで「http://localhost:8000」が開きチャットウィンドウが表示されるはずです。

メッセージを入力して、送信してみましょう。

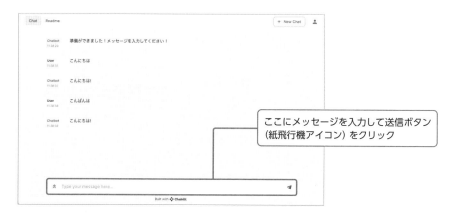

ここにメッセージを入力して送信ボタン（紙飛行機アイコン）をクリック

うまく動作していればChatbotから「こんにちは！」というメッセージが表示されるはずです。確認が完了したら、[Ctrl]（macOSでは[control]）キーと[C]キーを同時に押してchainlitの実行を終了しましょう。

次はコードを詳しく見ていきます。まずは1行目でchainlitをasを使ってインポートし、clという名前で利用できるようにしています。

● chat_1.py

```
004 @cl.on_chat_start  ──── チャットが開始されたときに実行される関数を定義する
005 async def on_chat_start():
006     await cl.Message(content="準備ができました！メッセージを入力
    してください！").send()  ──── 初期表示されるメッセージを送信する
```

　5行目ではon_chat_startという関数が定義され、4行目では @cl.on_chat_start という デコレーターがつけられています。chainlitでは @cl.on_chat_start というデコレーターがついた関数は新しいチャットが開始されるたびに実行されます。一般的に、はじめに表示したいメッセージや、新しいチャットを開始するたびに実行したい処理などを書きます。

　6行目はメッセージをチャットウィンドウに表示する処理です。このように処理を書くことで、「準備ができました！メッセージを入力してください！」というメッセージが新しくチャットを開始するたびに必ず表示されます。

● chat_1.py

```
008 @cl.on_message  ──── メッセージが送信されたときに実行される関数を定義する
009 async def on_message(input_message):
010     print("入力されたメッセージ: " + input_message)
011     await cl.Message(content="こんにちは!").send()
                        ──── チャットボットからの返答を送信する
```

　9行目ではon_messageという関数が定義され、8行目では @cl.on_message というデコレーターがつけられています。これも4行目の @cl.on_chat_start と同様で、@cl.on_message というデコレーターがついた関数はユーザーがメッセージを送信するたびに実行されます。on_message関数にはinput_messageという引数が設定されており、chainlitではユーザーが送信したメッセージはこの引数から渡されます。

　10行目ではprint関数を実行しています。これによりメッセージを送信するたびに以下のようなメッセージがVS Codeの**ターミナル**に表示されます。

入力されたメッセージ: こんにちは

　変数の中身を確認する場合など、チャット画面に表示する必要がない場合は、このようにprint関数で確認すると便利です。

　11行目ではメッセージをチャット画面に表示しています。このサンプルだと「こ

んにちは！」というコードが必ず表示されるようになっています。

チャット画面から質問を入力できるようにする

　次は先ほどの「query_3.py」と組み合わせて、チャット画面から先ほどの処理を動かすことができるようにしてみましょう。
　VS Codeの［ファイル］メニュー→［新しいテキストファイル］から、「chat_2.py」を新規作成し、以下のように入力してください。

● chat_2.py

```
001 import chainlit as cl
002 from langchain.chat_models import ChatOpenAI
003 from langchain.embeddings import OpenAIEmbeddings
004 from langchain.prompts import PromptTemplate
005 from langchain.schema import HumanMessage
006 from langchain.vectorstores import Chroma
007
008 embeddings = OpenAIEmbeddings(
009     model="text-embedding-ada-002"
010 )
011
012 chat = ChatOpenAI(model="gpt-3.5-turbo")
013
014 prompt = PromptTemplate(template="""文章を元に質問に答えてください。
015
016 文章:
017 {document}
018
019 質問: {query}
020 """, input_variables=["document", "query"])
021
022 database = Chroma(
023     persist_directory="./.data",
024     embedding_function=embeddings
025 )
026
027 @cl.on_chat_start
```

```
028  async def on_chat_start():
029      await cl.Message(content="準備ができました！メッセージを入力
     してください！").send()
030
031  @cl.on_message
032  async def on_message(input_message):
033      print("入力されたメッセージ: " + input_message)
034      documents = database.similarity_search(input_message)
                                            ── input_messageに変更
035
036      documents_string = ""
037
038      for document in documents:
039          documents_string += f"""
040  ---------------------------
041  {document.page_content}
042  """
043
044      result = chat([
045          HumanMessage(content=prompt.
     format(document=documents_string,
                                       query=input_message))
046                                    ── input_messageに変更
047      ])
048      await cl.Message(content=result.content).send()
                            ── チャットボットからの返答を送信する
```

入力が完了したら以下のコマンドを実行してchainlitを実行しましょう。

```
chainlit run chat_2.py
```

　先ほどと同じようにチャットウィンドウが立ち上がるので「飛行車の最高速度を教えて」と入力してみましょう。うまく動作していれば「飛行車の最高速度は、都市部で時速150キロメートル、都市部以外の地域で時速250キロメートルです。」といった答えが返ってくるはずです。
　コードの変更点について見ていきましょう。

● chat_2.py

```
031 @cl.on_message
032 async def on_message(input_message):
033     print("入力されたメッセージ: " + input_message)
034     documents = database.similarity_search(input_message)
```
——input_messageに変更
```
    ~~~省略~~~
044     result = chat([
045         HumanMessage(content=prompt.
    format(document=documents_string,
046                         query=input_message))
```
——input_messageに変更
```
047     ])
048     await cl.Message(content=result.content).send()
```
——チャットボットからの返答を送信する

34行目ではdatabaseのsimilarity_searchメソッドの引数にinput_messageを設定しています。これによりユーザーが送信したメッセージが問い合わせ文として使用されます。

45行目では同様にPromptTemplateのformatメソッドのquery引数にinput_messageを設定しています。これによりユーザーが送信したメッセージが質問として使用されます。

最後に、48行目ではcl.Messageのcontent引数にresult.contentを設定しています。これにより言語モデルからの出力結果がチャット画面に表示されます。

チャット開始時にファイルをアップロードできるようにする

今までのアプリケーションではチャットを開始する前に特定のPDFファイルを指定していました。今回はチャットを開始する前にPDFファイルをアップロードできるようにしてみましょう。

このアプリケーションでは今まで行っていたテキスト抽出、テキスト分割、ベクトル化、データベースへの保存がユーザーがファイルをアップロードした瞬間に行われます。

「chat_2.py」を「query_3.py」というファイル名でコピーし以下のように編集します。

● chat_3.py

```
001 import os
002 import chainlit as cl
```

```python
003 from langchain.chat_models import ChatOpenAI
004 from langchain.document_loaders import PyMuPDFLoader
005 from langchain.embeddings import OpenAIEmbeddings
006 from langchain.prompts import PromptTemplate
007 from langchain.schema import HumanMessage
008 from langchain.text_splitter import SpacyTextSplitter
009 from langchain.vectorstores import Chroma
010
011
012 embeddings = OpenAIEmbeddings(
013     model="text-embedding-ada-002"
014 )
015
016 chat = ChatOpenAI(model="gpt-3.5-turbo")
017
018 prompt = PromptTemplate(template="""文章を元に質問に答えてください。
019
020 文章:
021 {document}
022
023 質問: {query}
024 """, input_variables=["document", "query"])
025
026 text_splitter = SpacyTextSplitter(chunk_size=300,
     pipeline="ja_core_news_sm")
027
028 @cl.on_chat_start
029 async def on_chat_start():
030     files = None   ── ファイルが選択されているか確認する変数
031
032     while files is None:   ── ファイルが選択されるまで繰り返す
033         files = await cl.AskFileMessage(
034             max_size_mb=20,
035             content="PDFを選択してください",
036             accept=["application/pdf"],
037             raise_on_timeout=False,
038         ).send()
039     file = files[0]
040
```

```
041     if not os.path.exists("tmp"):────tmpディレクトリが存在するか確認
042         os.mkdir("tmp")────存在しなければ作成する
043     with open(f"tmp/{file.name}", "wb") as f:
                                        ────PDFファイルを保存する
044         f.write(file.content)────ファイルの内容を書き込む
045
046     documents = PyMuPDFLoader(f"tmp/{file.name}").load()
                                ────保存したPDFファイルを読み込む
047     splitted_documents = text_splitter.
    split_documents(documents)────ドキュメントを分割する
048
049     database = Chroma(────データベースを初期化する
050         embedding_function=embeddings,
051         # 今回はpersist_directoryを指定しないことでデータベースの
    永続化を行わない
052     )
053
054     database.add_documents(splitted_documents)
                            ────ドキュメントをデータベースに追加する
055
056     cl.user_session.set(────データベースをセッションに保存する
057         "database",────セッションに保存する名前
058         database────セッションに保存する値
059     )
060
061     await cl.Message(content=f"`{file.name}`の読み込みが完了し
    ました。質問を入力してください。").send()────読み込み完了を通知する
062
063 @cl.on_message
064 async def on_message(input_message):
065     print("入力されたメッセージ: " + input_message)
066
067     database = cl.user_session.get("database")
                            ────セッションからデータベースを取得する
068
069     documents = database.similarity_search(input_message)
070
071     documents_string = ""
072
073     for document in documents:
```

3

Retrieval – 未知のデータを扱えるようにする

123

```
074        documents_string += f"""
075    ----------------------------
076    {document.page_content}
077    """
078
079    result = chat([
080        HumanMessage(content=prompt.
    format(document=documents_string,
081                              query=input_message))
                              ────── input_messageに変更
082    ])
083    await cl.Message(content=result.content).send()
```

入力が完了したら以下のコマンドを実行してください。

```
chainlit run chat_3.py
```

すると前回と同じようにチャット画面が表示されます。

今までのチャット画面と異なり、ファイルをアップロードするためのウィンドウが表示されることが確認できます。[Browse Files] から先ほどの「sample.pdf」をアップロードしてみましょう。しばらく待つと以下のメッセージが表示されます。

'sample.pdf'の読み込みが完了しました。質問を入力してください。

次に先ほどと同じように「飛行車の最高速度は？」と入力してみましょう。すると先ほどと同じよう返答が返ってくるはずです。

画面右上にある [New Chat] というボタンをクリックすると新しいチャットが開始され、またPDFをアップロードできるようになります。

以上でチャット開始時にファイルをアップロードできるようになりました。

コードについて詳しく見ていきましょう。まずは32行目からのon_chat_start関数内でファイルアップロードを受け付ける部分です。

● **chat_3.py**

```
032    while files is None:        ファイルが選択されるまで繰り返す
033        files = await cl.AskFileMessage(
034            max_size_mb=20,
035            content="PDFを選択してください",
036            accept=["application/pdf"],
037            raise_on_timeout=False,
038        ).send()
039    file = files[0]
```

chainlitではcl.AskFileMessageを実行することで、ファイルをアップロードするための要素を表示させることができます。

34行目のmax_size_mdは20に設定されており、これは20MBまでアップロードできることを意味しています。

35行目のcontentはファイル選択時に表示されるメッセージで、「PDFを選択してください」というメッセージが表示されます。

36行目のacceptはアップロードできるファイルのタイプを指定します。ここではPDFファイルのみを許可しています。

そして37行目ではraise_on_timeoutをFalseに設定することで、ユーザーがファイルをアップロードしなかった場合でもエラーを発生させないようにしています。

次に46行目からのPDFファイルを読み込み、テキストを抽出する部分を見ていきましょう。

● chat_3.py

```
046    documents = PyMuPDFLoader(f"tmp/{file.name}").load()
                                        ── 保存したPDFファイルを読み込む
047    splitted_documents = text_splitter.
    split_documents(documents)── ドキュメントを分割する
```

ここでは以前のアプリケーションと同じようにPyMuPDFLoaderを使用してPDFファイルを読み込み、SpacyTextSplitterを使用してテキストを分割しています。

次の49行目からは、ベクトル化とデータベースへの保存を行っています。

● chat_3.py

```
049    database = Chroma(── データベースを初期化する
050        embedding_function=embeddings,
051        # 今回はpersist_directoryを指定しないことでデータベースの
    永続化を行わない
052    )
053
054    database.add_documents(splitted_documents)
                                ── ドキュメントをデータベースに追加する
055
056    cl.user_session.set(── データベースをセッションに保存する
057        "database",── セッションに保存する名前
058        database── セッションに保存する値
059    )
```

49行目ではデータベースを初期化しています。今回はベクトルデータベースに保存した後、プログラムを終了せずにデータベースへの問い合わせを行うので永続化を

行う必要がありません。そのためpersist_directoryを設定せず、永続化を行わない設定になっています。

　54行目でadd_documentsを使用して、分割したドキュメントをベクトル化し、データベースを作成します。

　その後、cl.user_session.setを使用して、ベクトル化したデータベースをセッションに保存して、on_messageでも使用できるようにしています。

　63行目からは、最後にユーザーからのメッセージを受け取って処理する部分です。

● chat_3.py

```
063 @cl.on_message
064 async def on_message(input_message):
    ~~~省略~~~
067     database = cl.user_session.get("database")
```
　　　　　　　　　　　　　　　　━━ セッションからデータベースを取得する

　ここでの変更点はdatabase変数にてcl.user_session.get("database")を実行することで、cl.on_chat_start内で保存されたdatabaseを読み出せるようになっている点です。

　あとは前のアプリケーションと同じように言語モデルを呼び出し、メッセージをチャット画面に表示しています。

3

Retrieval - 未知のデータを扱えるようにする

言語モデルに新しい情報を与えるもう1つの方法

言語モデルに情報を与える方法には Fine-tuning という手法も存在します。RAG は、データベースから関連する情報を取得し、プロンプトに埋め込むことで言語モデルが回答を生成する際の参考として使用するアプローチです。これは、外部情報を取り込むための方法であり、言語モデルの基本的な振る舞いを変えるものではありません。

一方、Fine-tuning（微調整）は、すでにある言語モデルを、用意したデータをもとに再学習させることで言語モデル自体の動作を変える手法です。たとえば、ある分野の専門的なデータを用意して、事前学習済みの言語モデルをそのデータで再学習させることで、その分野の専門的な会話ができるようになります。また、ユーザー個人の会話データを用いて微調整することで、そのユーザー固有の言い回しや性格を反映した個人向けの言語モデルを作ることもできます。

Fine-tuning は言語モデルそのものをカスタマイズするので、新しい能力を獲得できますが、大量のデータが必要なうえに調整が難しいのが現状です。

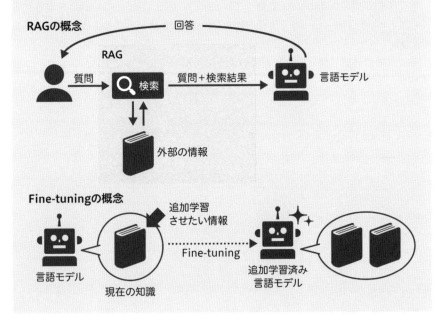

#Retrievers ／ #RetrievalQA

section 03

RetrievalQAを使って QAシステムの構築を楽にする

💬 コードをスマートに して効率化する

Retrievalモジュールでは RAG を使った QA システムの開発を簡単にし、多機能にする RetrievalQA モジュールを用意しています。RetrievalQA を使ったシステム開発とはどのようなものか見ていきましょう。

RetrievalQAとは

RetrievalQA は前のセクションで行ったような RAG 手法を使った QA システムを開発しやすく、多機能にするためのモジュールです。

情報源となる文章の構築やベースとなるプロンプトの構築は、RAG を使った QA システムでは同じような実装になることが多いです。異なる実装となるのは、どのような文章を用意するか、また、どのように検索するかという点です。

RetrievalQA では、このようにアプリケーションごとに異なる部分のみに集中できるよう、QA システムで一般的に同じ実装になる処理を省略できるようになっています。RetrievalQA を使う具体的なメリットは以下の通りです。

・検索、プロンプト構築、言語モデルの呼び出しの処理の実装を簡単にする
・用意された Retrievers を使うことで実装を楽にする

それぞれのメリットについてコードを見ながら具体的にどのようなことができるのか見ていきましょう。

RetrievalQAを使ってコードを簡単に

前のセクションではプロンプトの構築や言語モデルの呼び出しなどを1つ1つ実行していましたが、RetrievalQA を使うことでコード量を大きく減らせるため、実装を効率化できます。前のセクションで作成した「query_2.py」が、RetrievalQA でどのような書き方になるか見ていきましょう。

「query_2.py」を「query_3.py」というファイル名でコピーし以下のように編集します。

● query_3.py

```
001  from langchain.chains import RetrievalQA
                                        ── RetrievalQAをインポートする
002  from langchain.chat_models import ChatOpenAI
003  from langchain.embeddings import OpenAIEmbeddings
004  from langchain.vectorstores import Chroma
005
006  chat = ChatOpenAI(model="gpt-3.5-turbo")
007
008  embeddings = OpenAIEmbeddings(
009      model="text-embedding-ada-002"
010  )
011
012  database = Chroma(
013      persist_directory="./.data",
014      embedding_function=embeddings
015  )
016
017  retriever = database.as_retriever()
                                      ── データベースをRetrieverに変換する
018
019  qa = RetrievalQA.from_llm(── RetrievalQAを初期化する
020      llm=chat,── Chatモデルを指定する
021      retriever=retriever,── Retrieverを指定する
022      return_source_documents=True
                                  ── 返答にソースドキュメントを含めるかどうかを指定する
023  )
024
025  result = qa("飛行車の最高速度を教えて")
026
027  print(result["result"])── 返答を表示する
028
029  print(result["source_documents"])── ソースドキュメントを表示する
```

上記コードを以下のコマンドで実行してください。

```
python3 query_3.py
```

すると以下のような結果がVS Codeのターミナルに表示されます。

都市部において飛行車が飛行する場合の最大速度は時速150キロメートルです。都市部以外の地域において飛行車が飛行する場合の最大速度は時速250キロメートルです。ただし、特定の地域や施設の上空、また
は特定の飛行コース上では別途速度制限が設けられる場合があります。

```
[
    Document(
        page_content='飛行車速度制限法\n第1条（目的）\n本法は、飛行車
の飛行安全及び一般公共の利益を確保するため、飛行車の飛行速度に関する\n基準
を定めることを目的とする。\n\n\n第
2条（定義）\n本法において「飛行車」とは、地上及び空中を移動する能力を有す
る車両を指す。\n\n\n第3条（一般的な速度制限）\n1.\n都市部において飛行車
が飛行する場合の最大速度は、時速150キロメートル
n\n\n\n\n2.\n都市部以外の地域において飛行車が飛行する場合の最大速度は、
時速250キロメート\nルとする。\n\n\n3.\n特定の地域や施設の上空、または特
定の飛行コース上では、別途速度制限が設けられ\nること
がある。',
        metadata={
            'source': './sample.pdf',
            'file_path': './sample.pdf',
            'page': 3,
            'total_pages': 13,
            'format': 'PDF 1.4',
            'title': '飛行車に関する法制度',
            'author': '',
            'subject': '',
            'keywords': '',
            'creator': '',
            'producer': 'Skia/PDF m117 Google Docs Renderer',
            'creationDate': '',
            'modDate': '',
            'trapped': ''
        }
    ),
    ~~~省略~~~
]
```

コードについて詳しく見ていきましょう。

3

Retrieval - 未知のデータを扱えるようにする

● query_3.py

```
017  retriever = database.as_retriever()
```
───── データベースをRetrieverに変換する

　17行目でas_retrieverメソッドを実行し、databaseをRetriever形式に変換しています。

　RetrievalQAを使ううえで最も重要なポイントになりますが、RetrievalQAには必ずRetrieverが必要です。Retrieverとは簡単に説明すると、特定の検索をするとDocumentの配列を返すモジュールです。Retrieverについては次のセクションで詳しく解説します。

● query_3.py

```
001  from langchain.chains import RetrievalQA
```
───── RetrievalQAをインポートする
```
     ~~~省略~~~
019  qa = RetrievalQA.from_llm(
```
───── RetrievalQAを初期化する
```
020      llm=chat,
```
Chatモデルを指定する
```
021      retriever=retriever,
```
───── Retrieverを指定する
```
022      return_source_documents=True
```
───── 返答にソースドキュメントを含めるかどうかを指定する
```
023  )
```

　1行目ではRetrievalQAのインポートを追加し、19行目ではfrom_llmを実行し、RetrievalQAの初期化を行っています。

　20行目以降で、llmにChatモデルを、retrieverには先ほどdatabaseから変換したRetrieverを指定しています。return_source_documentsにはTrueを設定することで実行時に回答だけでなく、参考にした文章も取得できます。今回はどのような文章が取得できたかを確認するためにTrueに設定しましょう。

● query_3.py

```
025  result = qa("飛行車の最高速度を教えて")
026
027  print(result["result"])
```
───── 返答を表示する
```
028
029  print(result["source_documents"])
```
───── ソースドキュメントを表示する

最後に25行目以降で、初期化したRetrievalQAを実行しています。

編集前のコードを以下に再掲します。これと比べると実装しなければならない処理が減っていることがわかります。

● query_2.py（編集前）

```
020 documents_string = ""    ドキュメントの内容を格納する変数を初期化
021
022 for document in documents:
023     documents_string += f"""
024 --------------------------
025 {document.page_content}
026 """    ドキュメントの内容を追加
027
028 prompt = PromptTemplate(    PromptTemplateを初期化
029     template="""文章を元に質問に答えてください。
030
031 文章:
032 {document}
033
034 質問: {query}
035 """,
036     input_variables=["document","query"]    入力変数を指定
037 )
        ~~~省略~~~

043 result = chat([
044     HumanMessage(content=prompt.format(document=
    documents_string, query=query))
045 ])
```

上記の編集前のコードの20行目以下の情報源となるテキストの構築、PromptTemplateを使ったプロンプト構築の処理が、今回のコードでは削除されています。これらの処理はRetrievalQA内で暗黙的に実行されます。

これがRetrievalQAを使うメリットの1つめである**検索、プロンプト構築、言語モデルの呼び出しの処理の実装を簡単にする**という機能です。

RetrievalQA を使うもう 1 つのメリット

RetrievalQA を使うもう 1 つのメリットとして情報源となる文章の作成方法を選択できることが挙げられます。

言語モデルを呼び出すときに入力されるプロンプトは以下の 3 つの要素が存在します。

- ・情報源となる文章
- ・質問
- ・情報源となる文章をもとに質問に答えるように指示をする

RetrievalQA では**情報源となる文章**の構築方法を変更することも可能です。また、標準の動作として、情報源となる文章は単純に結合されます。

そのため、セクション 1 の冒頭で示したプロンプトのように少数の文章を取得し、解決できるようなタスクを扱う場合に適しています。

一方、この手法のデメリットは「情報源として複数の長文が必要な質問」に対応できない点です。単純にすべて文字列として結合するのでプロンプトが長くなりすぎてしまい、言語モデルの入力文字数制限（コンテキスト長制限）を超えてしまいます。

このような問題に対応するために、LangChain では以下のような結合方法も用意されています。

- ・Refine

すべての文章に順番にアクセスし、それぞれの文章を評価しながら反復的に答えを更新する手法です。

- ・Map reduce

各文章に対して LLM チェーンを個別に適用し（Map ステップ）、その出力を新しい文章として扱います。そして、すべての新しい文章を別の文書結合チェーンに渡して単一の出力を得ます（Reduce ステップ）。必要に応じて、マップされた文章を圧縮することも可能です。

- ・Map re-rank

各文章に対して初期プロンプトを実行し、タスクを完了するだけでなく、その答えに対する確信度をスコアとして出力します。最も高いスコアを持つレスポンスが返されます。これにより、最も信頼性の高い答えを選択することができます。

本書では解説しませんが、以上のように、RetrievalQA では情報源となる文章の組み合わせ方法を選択することで、さまざまなタスクや状況に対応可能です。

#Wikipedia ／ #Retrievers

section
04

**用意されたRetrieversを使って
Wikipediaを情報源にする**

回答を意図通りにする
テクニック

前のセクションのコードでは文章が保存されたベクトルデータベースから
Retrieversを作成しました。このセクションではRetrievalモジュールにすで
に用意されているほかのRetrieversを使ってみましょう。

Retrieversはドキュメントを検索する機能のセット

　Retrieversは特定の単語で検索をすると、関連する複数のドキュメント（文章）が
得られる一連の機能の総称です。また、前のセクションで解説したRetrievalQAは受
け取ったRetrieversを使って文章を検索し、取得した文章をもとに回答を生成する機
能を持っています。つまりRetrieversを差し替えることで、情報源を変更できます。

　先ほどはベクトルデータベースからas_retrieverメソッドを使用し、Retrieversを
作成していましたが、どのように動くか確認してみましょう。

　以下は説明を意図したもので実際にコードを書く必要はありません。

● sample_wikipedia.py

```
001 from langchain.retrievers import WikipediaRetriever
002
003 retriever = WikipediaRetriever(        WikipediaRetrieverを初期化する
004     lang="ja",        Wikipediaの言語を指定する
005 )
006 documents = retriever.get_relevant_documents(
                                    Wikipediaから関連する記事を取得する
007     "大規模言語モデル"        検索するキーワードを指定する
008 )
009
010 print(f"検索結果: {len(documents)}件")        検索結果の件数を表示する
011
012 for document in documents:
013     print("---------------取得したメタデータ---------------")
014     print(document.metadata)        メタデータを表示する
015     print("---------------取得したテキスト---------------")
016     print(document.page_content[:100])
                                    テキストの先頭100文字を表示する
```

上記を実行すると以下のような出力が得られます。

```
検索結果: 2件
---------------取得したメタデータ---------------
{'title': 'Microsoft Bing', 'summary': 'Microsoft Bing（マイクロ
ソフト・ビング）は、Microsoftが提供するポータルサイトのひとつ。開発コン
セプトに「意思決定を支援する検索エンジン」を掲げ、他の検 索エンジンとの差
別化を図っている。\nl旧名称は Bing、MSN サーチ、Windows Live サーチ、
Live サーチがあり、Windows Live サーチはWindows Liveサービスの一つ
でもあった。初期のコードネームはKumo（クモ）。\nBingの検索エンジンは、
Googleとは異なる独自の検索技術を採用しているため、GoogleやYahoo! JAPAN
とは異なる検索結果を示す。プライバシー保護を謳う検索エンジンDuckDuckGoの
ソースとしても使用されている。地方自治体の偽サイトが検索上位に表示されるな
ど、検索結果の質については問題を指摘されている。', 'source': 'https://
ja.wikipedia.org/wiki/Microsoft_Bing'}
---------------取得したテキスト---------------
Microsoft Bing（マイクロソフト・ビング）は、Microsoftが提供するポータ
ルサイトのひとつ。開発コンセプトに「意思決定を支援する検索エンジン」を掲
げ、他の検索エンジンとの差別化を図っ
---------------取得したメタデータ---------------
{'title': '言語モデル', 'summary': '言語モデル（げんごモデル、
英: language model）は、単語列に対する確率分布を表わすものである。',
'source': 'https://ja.wikipedia.org/wiki/%E8%A8%80%E8%AA%9E%E3
%83%A2%E3%83%87%E3%83%AB'}
---------------取得したテキスト---------------
言語モデル（げんごモデル、英: language model）は、単語列に対する確率分
布を表わすものである。


== 解説 ==
言語モデルは、長さがm個の単語列が与えられたとき、その単語列全体に対
```

コードと出力の意味を見ていきましょう。

● sample_wikipedia.py

```
003 retriever = WikipediaRetriever(  ——— WikipediaRetrieverを初期化する
004     lang="ja",  ——— Wikipediaの言語を指定する
005 )
006 documents = retriever.get_relevant_documents(
                    ——— Wikipediaから関連する記事を取得する
```

```
007        "大規模言語モデル"── 検索するキーワードを指定する
008  )
```

　まず、3行目でWikipediaRetrieverクラスを初期化しています。初期化の際に、引数langには対象とするWikipediaの言語を指定します。ここでは日本語版Wikipediaを対象とするので"ja"としています。

　次に、6行目でget_relevant_documentsメソッドを使って、Wikipediaから関連する記事を取得しています。引数には検索するキーワードを指定します。このget_relevant_documentsはWikipediaRetrieverにかかわらず、どんなRetrieversにも存在するメソッドです。言い換えるとget_relevant_documentsなどの「Retrieversに必要なメソッドが存在するもの」がRetrieversとなります。get_relevant_documentsでは検索に対してDocumentクラスの配列を返します。Documentはドキュメントの内容であるpage_contentと、どのようなドキュメントかを保存するためのmetadataを持っています。

● sample_wikipedia.py

```
012  for document in documents:
013      print("---------------取得したメタデータ---------------")
014      print(document.metadata) ── メタデータを表示する
015      print("---------------取得したテキスト---------------")
016      print(document.page_content[:100])
                                   ── テキストの先頭100文字を表示する
```

　今回の例だと、page_contentはWikipediaの記事の内容を保存しています。metadataについてはRetrieversで自由に設定できます。WikipediaRetrieverではtitleやsummaryなどが設定されていることがわかります。

　その後、検索結果の件数を表示し、取得したメタデータとテキストの先頭100文字を表示しています。これにより、取得した記事のタイトルや概要、URLなどの情報を確認できます。

　このようにRetrieversは特定の単語や質問で検索し、Documentの配列を返す一連の機能です。つまり、検索ができて、Documentクラスの配列を返すことができればベクトルデータベースを使用する必要はありません。

　次はWikipediaRetrieverを使ってWikipediaの情報をもとに質問に答えられるようにしてみましょう。以下のコマンドを実行し、Pythonのwikipediaパッケージをインストールします。

```
python3 -m pip install wikipedia==1.4.0
```

「wikipedia_qa_1.py」というファイルを新規作成し以下を入力してください。

● wikipedia_qa_1.py

```
001 from langchain.chains import RetrievalQA
002 from langchain.chat_models import ChatOpenAI
003 from langchain.retrievers import WikipediaRetriever
004
005 chat = ChatOpenAI()
006
007 retriever = WikipediaRetriever(───WikipediaRetrieverを初期化する
008     lang="ja",───Wikipediaの言語を指定する
009     doc_content_chars_max=500,───取得するテキストの最大文字数を指定する
010     top_k_results=2,───検索結果の上位何件を取得するかを指定する
011 )
012
013 chain = RetrievalQA.from_llm(───RetrievalQAを初期化する
014     llm=chat,───使用するChatモデルを指定する
015     retriever=retriever,───使用するRetrieverを指定する
016     return_source_documents=True,
                        ───情報の取得元のドキュメントを返すようにする
017 )
018
019 result = chain("バーボンウイスキーとは？")───RetrievalQAを実行する
020
021 source_documents = result["source_documents"]
                        ───情報の取得元のドキュメントを取得する
022
023 print(f"検索結果: {len(source_documents)}件")
                        ───検索結果の件数を表示する
024 for document in source_documents:
025     print("---------------取得したメタデータ---------------")
026     print(document.metadata)
027     print("---------------取得したテキスト---------------")
028     print(document.page_content[:100])
029 print("---------------返答---------------")
030 print(result["result"])───返答を表示する
```

保存が完了したら、以下のコマンドを実行してみましょう。

```
python3 wikipedia_qa_1.py
```

以下のような結果が表示されます。

検索結果: 2件
---------------取得したメタデータ---------------
{'title': 'バーボン・ウイスキー', 'summary': 'バーボン・ウイスキー
（英: bourbon whiskey）は、アメリカ合衆国ケンタッキー州を中心に生産され
ているウイスキー（アメリカン・ウイスキー）の1種。略し て「バーボン」とも呼
ばれる。', 'source': 'https://ja.wikipedia.org/wiki/%E3%83%90%E
3%83%BC%E3%83%9C%E3%83%B3%E3%83%BB%E3%82%A6%E3%82%A4%E3%82%B9%
E3%82%AD%E3%83%BC'}
---------------取得したテキスト---------------
バーボン・ウイスキー （英: bourbon whiskey）は、アメリカ合衆国ケンタッ
キー州を中心に生産されているウイスキー（アメリカン・ウイスキー）の1種。略
して「バーボン」とも呼ばれる。

=
---------------取得したメタデータ---------------
{'title': 'ウイスキー', 'summary': 'ウイスキー（英: whisky、愛/米:
whiskey）は、世界の酒の一つ。大麦、ライ麦、トウモロコシなどの穀物を麦芽
の酵素で糖化し、これをアルコール発酵させ蒸留したものである。元々はイギリス
およびアイルランドの特産品であったが、現在では多くの国で生産されている。\
n日本語ではウィスキーとも表記される（ウヰスキーとも）。日本の酒税法上の表
記は「ウイスキー」であり、国税庁も「ウイスキー」の表記を用いている。漢字を
当てて火酒、烏伊思幾とも書かれた。\nまたスコッチ・ウイスキーは whisky、
アイリッシュ・ウイスキーは whiskey と表記される。\n\n', 'source':
'https://ja.wikipedia.org/wiki/%E3%82%A6%E3%82%A4%E3%82%B9%E3%
82%AD%E3%83%BC'}
---------------取得したテキスト---------------
ウイスキー（英: whisky、愛/米: whiskey）は、世界の酒の一つ。大麦、ライ
麦、トウモロコシなどの穀物を麦芽の酵素で糖化し、これをアルコール発酵させ蒸
留したものである。元々はイギリスおよび
---------------返答---------------
バーボンウイスキーは、アメリカ合衆国ケンタッキー州を中心に生産されているウ
イスキーの一種です。バーボンウイスキーは主にトウモロコシを51%以上の割合で使
用しており、アメリカの法律で定義されていま す。バーボンという名前は、アメリ
カ独立戦争の際にアメリカ側に味方したことに感謝し、ケンタッキー州の郡のひと
つを「バーボン郡」と名づけたトーマス・ジェファーソン大統領に由来しています。

コードと出力結果を詳しく見ていきましょう。

まず、以下のコードでWikipediaRetrieverを初期化しています。

● wikipedia_qa_1.py

```
007  retriever = WikipediaRetriever(———— WikipediaRetrieverを初期化する
008      lang="ja",———— Wikipediaの言語を指定する
009      doc_content_chars_max=500,———— 取得するテキストの最大文字数を指定する
010      top_k_results=2,———— 検索結果の上位何件を取得するかを指定する
011  )
```

　WikipediaRetrieverクラスを初期化する際に、8行目で引数langには対象とする
Wikipediaの言語を指定します。先ほどのサンプルと同じようにここでは日本語版
Wikipediaを対象とするので"ja"としています。

　また、9行目のdoc_content_chars_maxには取得するテキストの最大文字数を指
定します。

　10行目のtop_k_resultsでは最大何件の検索結果を取得するかを設定できます。こ
こでは2と設定し、2件の検索結果を取得するようにしています。

　RetrievalQAを使用する際の注意点として、Retrieversから取得した文章量が多す
ぎると言語モデルの扱える最大文字数を超えてしまう可能性があります。そこで、こ
の2つのパラメータを設定することで500文字程度の文章を2つ取得するように設定
し、最大でも1,000文字程度になるように調整を行っています。

● wikipedia_qa_1.py

```
013  chain = RetrievalQA.from_llm(———— RetrievalQAを初期化する
014      llm=chat,———— 使用するChatモデルを指定する
015      retriever=retriever,———— 使用するRetrieverを指定する
016      return_source_documents=True,
             ———— 情報の取得元のドキュメントを返すようにする
017  )
```

　13行目ではRetrievalQAの初期化を行っています。初期化の際にはllm引数に
Chatモデルを指定し、retriever引数に先ほど作成したretrieverを指定します。また、
return_source_documents引数にTrueを指定することで、質問応答の結果だけでな
く、回答を生成するために参照した情報源となるDocumentも取得できるようにし
ています。

● wikipedia_qa_1.py

```
019 result = chain("バーボンウイスキーとは？")──── RetrievalQAを実行する
020
021 source_documents = result["source_documents"]
                    ──── 情報の取得元のドキュメントを取得する
022
023 print(f"検索結果: {len(source_documents)}件")
                    ──── 検索結果の件数を表示する
024 for document in source_documents:
025     print("---------------取得したメタデータ---------------")
026     print(document.metadata)
027     print("---------------取得したテキスト---------------")
028     print(document.page_content[:100])
029 print("---------------返答---------------")
030 print(result["result"])──── 返答を表示する
```

3

Retrieval - 未知のデータを扱えるようにする

19行目では、初期化したRetrievalQAに質問しています。今回のコードでは質問として「バーボンウイスキーとは？」を入力しています。その結果をresultに格納しています。resultは辞書形式のデータで、その中にはsource_documentsとresultというキーが存在します。

RetrievalQAの初期化時にreturn_source_documentsをTrueに設定していたのでsource_documentsには、質問に答えるために参照したWikipediaの記事が格納されています。

その後、検索結果の件数や取得したメタデータ、テキストの先頭100文字を表示し、最後に、質問に対する返答を表示しています。これはresultの中にあるresultキーに格納されています。

以上で、Wikipediaを情報源とした質問応答システムが完成しました。RetrievalQAを使うメリットの1つである**用意されたRetrieversを使うことで実装を楽にする**について学びました。今回は文章を検索するRetrieversについて学びましたが、特別な機能を持ったRetrieversも存在します。次にこのようなRetrieversについて学びましょう。

Retrieversでどのような検索を行うかコントロールする

RetrievalQAは入力された質問をそのままRetrieversへ渡し、文章の検索を行います。先ほどの例だと「バーボンウイスキーとは？」という質問がされると、その質問のままWikipediaRetrieverを使って文章検索を行います。

RetrievalQAは内部でget_relevant_documentsを使っているので、具体的には以下のように「バーボンウイスキーとは？」と質問すると、RetrievalQA内部で検索を行っていることになります。

```
from langchain.retrievers import WikipediaRetriever

retriever = WikipediaRetriever(
    lang="ja",
)
documents = retriever.get_relevant_documents(
    "バーボンウイスキーとは？"
)
```

　前に作成したコードだと**言語モデルへの質問**と**Retrieversで入力される内容**はまったく同じで問題ありませんでした。しかし、内容によっては正しく表示されない場合もあります。
　例を見ていきましょう。以下のコードは説明のためのものなので、実行する必要はありません。

● sample_wikipedia_2.py

```
001 from langchain.retrievers import WikipediaRetriever
002
003 retriever = WikipediaRetriever(
004     lang="ja",
005     doc_content_chars_max=100,
006     top_k_results=1
007 )
008 documents = retriever.get_relevant_documents(
009     "私はラーメンが好きです。ところでバーボンウイスキーとは何ですか？"
010 )
011 print(documents)
```

　実行すると以下のような結果が出力されます。

[Document(page_content='『ドリフ大爆笑』（ドリフだいばくしょう）は、フジテレビ系列の日本のお笑い番組。日本のバラエティ番組のひとつ。新作については、フジテレビ系列で1977年から1998年まで放送された。新作の放送終了後も総', metadata={'title': 'ドリフ大爆笑', 'summary': '~~~省略~~~', 'source': 'https://ja.wikipedia.org/wiki/%E3%83%89%E3%83%AA%E3%83%95%E5%A4%A7%E7%88%86%E7%AC%91'})]

ここで知りたかったのは「バーボンウイスキーについて」だったのですが、関連する記事を取得できませんでした。この場合、キーワードを絞って「バーボンウイスキー」に変更すれば以下のように正しく取得できます。

```
001 from langchain.retrievers import WikipediaRetriever
002
003 retriever = WikipediaRetriever(
004     lang="ja",
005     doc_content_chars_max=100,
006     top_k_results=1
007 )
008 documents = retriever.get_relevant_documents(
009     "バーボンウイスキー"
010 )
011 print(documents)
```

結果は次の通りです。

[Document(page_content='バーボン・ウイスキー　（英：bourbon whiskey）は、アメリカ合衆国ケンタッキー州を中心に生産されているウイスキー（アメリカン・ウイスキー）の1種。略して「バーボン」とも呼ばれる。\n\n\n=', metadata={'title': 'バーボン・ウイスキー', 'summary': 'バーボン・ウイスキー　（英：bourbon whiskey）は、アメリカ合衆国ケンタッキー州を中心に生産されているウイスキー（アメリカン ・ウイスキー）の1種。略して「バーボン」とも呼ばれる。', 'source': 'https://ja.wikipedia.org/wiki/%E3%83%90%E3%83%BC%E3%83%9C%E3%83%B3%E3%83%BB%E3%82%A6%E3%82%A4%E3%82%B9%E3%82%AD%E3%83%BC'})]

しかしLangChainには、「私はラーメンが好きです。ところでバーボンウイスキーとは何ですか？」のような文章からキーワードを取り出す機能もあります。

実際にどのように動くのか見ていきましょう。「re_phrase_query.py」を新規作成し、以下の内容を入力してください。

● re_phrase_query.py

```python
001 from langchain.chat_models import ChatOpenAI
002 from langchain.retrievers import WikipediaRetriever,
    RePhraseQueryRetriever        ← RePhraseQueryRetrieverをインポートする
003 from langchain import LLMChain
004 from langchain.prompts import PromptTemplate
005
006 retriever = WikipediaRetriever(
007     lang="ja",
008     doc_content_chars_max=500
009 )
010
011 llm_chain = LLMChain(        ← LLMChainを初期化する
012     llm = ChatOpenAI(        ← ChatOpenAIを指定する
013         temperature = 0
014     ),
015     prompt= PromptTemplate(        ← PromptTemplateを指定する
016         input_variables=["question"],
017         template="""以下の質問からWikipediaで検索するべきキーワー
    ドを抽出してください。
018 質問: {question}
019 """
020 ))
021
022 re_phrase_query_retriever = RePhraseQueryRetriever(
                            ← RePhraseQueryRetrieverを初期化する
023     llm_chain=llm_chain,        ← LLMChainを指定する
024     retriever=retriever,        ← WikipediaRetrieverを指定する
025 )
026
027 documents = re_phrase_query_retriever.get_relevant_
    documents("私はラーメンが好きです。ところでバーボンウイスキーとは何
    ですか?")
028
029 print(documents)
```

保存が完了したら以下のコマンドでコードを実行してみましょう。

```
python3 re_phrase_query.py
```

すると以下のような結果が出力されます。

> [Document(page_content = 'スコッチ・ウイスキー（英語：Scotch whisky）は、イギリスのスコットランドで製造されるウイスキー。日本では世界5大ウイスキーの1つに数えられる。~~~省略~~~', metadata = {~~~省略~~~}), Document(page_content = 'アイリッシュ・ウイスキー（Irish whiskey）は、アイルランド共和国および北アイルランドで生産される穀物を原料とするウイスキーである。~~~省略~~~', metadata = {~~~省略~~~}), Document(page_content = 'ニッカウヰスキー株式会社　（英: The Nikka Whisky Distilling Co., Ltd.）は、日本の洋酒メーカー。アサヒグループの機能子会社。~~~省略~~~', metadata = {~~~省略~~~})]

質問文からキーワードのみを取り出し、検索できました。

コードの要点を見ていきましょう。

● re_phrase_query.py

```
003 from langchain import LLMChain
004 from langchain.prompts import PromptTemplate
    ~~~省略~~~
011 llm_chain = LLMChain(   LLMChainを初期化する
012     llm = ChatOpenAI(   ChatOpenAIを指定する
013         temperature = 0
014     ),
015     prompt= PromptTemplate(   PromptTemplateを指定する
016         input_variables=["question"],
017         template="""以下の質問からWikipediaで検索するべきキーワードを抽出してください。
018 質問: {question}
019 """
020 ))
```

まずは11行目でLLMChainを初期化しています。詳しくは第5章で解説しますが、ここではPromptTemplateとChat modelsをまとめることでプロンプトの構築、言語モデルの呼び出しをまとめてできるようにしています。

17行目で設定されているプロンプトを見ると、質問から検索キーワードを取り出すように指示をしています。

● re_phrase_query.py

```
022  re_phrase_query_retriever = RePhraseQueryRetriever(
          ──────────── RePhraseQueryRetrieverを初期化する
023      llm_chain=llm_chain, ── LLMChainを指定する
024      retriever=retriever, ── WikipediaRetrieverを指定する
025  )
```

　次に22行目では、RePhraseQueryRetrieverクラスを初期化しています。RePhrase
QueryRetrieverは、質問を再構築（rephrase）するためのRetrieversで、llm_chain
パラメータとretrieverパラメータをとります。llm_chainパラメータには先ほどの
LLMChainクラスのインスタンスを指定し、retrieverパラメータには、質問を再
構築した後に検索を行うためのRetrieversを指定します。この例では、Wikipedia
Retrieverを使用しています。

● re_phrase_query.py

```
     documents = re_phrase_query_retriever.get_relevant_
027  documents("私はラーメンが好きです。ところでバーボンウイスキーとは何
     ですか？")
```

　次に、27行目でget_relevant_documentsメソッドを使って、Wikipediaから関連
する記事を取得しています。引数には検索するキーワードを指定します。この例では、
「私はラーメンが好きです。ところでバーボンウイスキーとは何ですか？」という質
問を指定しています。この質問では、「バーボンウイスキーとは何ですか？」という
部分が本当に検索したいキーワードですが、その前に「私はラーメンが好きです。」と
いう無関係なフレーズがあるため、直接検索すると適切な結果が得られません。
　そこで、RePhraseQueryRetrieverでは、まずLLMChainを使って質問を再構築し、
その結果をWikipediaRetrieverに渡して検索を行います。この例では、LLMChainが
質問「私はラーメンが好きです。ところでバーボンウイスキーとは何ですか？」を再
構築し、「バーボンウイスキー」というキーワードを抽出します。その後、Wikipedia
Retrieverがこのキーワードを使ってWikipediaから関連する記事を検索します。
　最後に29行目で取得したDocumentを表示し、バーボンウイスキーに関する文章
が取得できていることが確認できました。
　このようにRePhraseQueryRetrieverを使うことで、ユーザーからの自然な質問を
適切なキーワードに変換し、そのキーワードを使って関連する情報を検索できます。

対話型検索エンジンを使って
LangChain について質問する

LangChain の使い方について ChatGPT に質問することはできますが、間違った返答をしたり、曖昧な回答をしがちです。より確実な回答を得るためには対話型検索エンジンを使うのがおすすめです。ChatGPT の登場以降、多くの企業や団体が対話型検索エンジンを開発しています。たとえば、Microsoft は OpenAI の GPT と従来の検索エンジンを組み合わせた Bing AI をリリースしており、LangChain に関する質問も可能です。今回はさらに便利な Perplexity AI も紹介します。これは OpenAI と Anthropic の言語モデルを利用した対話型検索エンジンです。

インターネットからの検索を含めたさまざまな技術を使うことで出典元を確認しつつ最新情報について質問できます。ユーザーごとに回答をパーソナライズする「AI プロファイル」機能も実装していて、会話の中でユーザーの嗜好を学習し、パーソナライズしたプロンプトでの対話が可能です。

・ Perplexity AI
https://www.perplexity.ai/

実際に RetrievalQA について質問してみましょう。Perplexity AI にアクセスして、「Ask anything」の部分に質問を入力します。すると次ページの画面のように答えが返ってきます。

正しい答えと情報の出典元が表示されました。[Quick Search]の部分には関連する
Webページのサムネイルが表示されており、ここから各サイトにアクセスすることも
できます。LangChainについて調べる際は従来のインターネット検索だけでなくこの
ような対話型検索エンジンも使ってみましょう。

なお、PerplexityはiOS、Android版も用意されています。こういったアプリを活用
するのも面白いでしょう。

CHAPTER
4

Memory -
過去の対話を短期・
長期で記憶する

#会話履歴／#記憶

section
01
言語モデルにおける
会話とはなにか

会話には記憶が必要　LangChainでは言語モデルとの対話を保存、復元することで記憶を持った機能を作ることができます。まずは「言語モデルとの対話」「記憶」とはなにかを見ていきましょう。

▍HumanMessageとAIMessageを交互に繰り返して会話する

第1章ページではChat modelsを使った言語モデルとの会話について学びました。そこで解説したようにOpenAIなどの言語モデルはAPIを呼び出して使用します。以前の会話内容を踏まえた返答をさせるには、以前の会話履歴をすべて含んだ状態でAPIを呼び出す必要があります。

具体例としてコードを見て改めてどのようなことかを詳しく見てみましょう。

● chat_sample_1.py

```python
001 from langchain.chat_models import ChatOpenAI
002 from langchain.schema import HumanMessage
003
004 chat = ChatOpenAI(
005     model="gpt-3.5-turbo",
006 )
007
008 result = chat(
009     [
010         HumanMessage(content="茶碗蒸しを作るのに必要な食材を教えて"),
011     ]
012 )
013 print(result.content)
```

上記のコードはChat modelsを使い茶碗蒸しを作るのに必要な食材について質問しています。

実行すると以下のように回答が出力されます。

150

茶碗蒸しを作るために必要な食材は以下の通りです：

１．卵：茶碗蒸しの主要な材料であり、卵を使って滑らかなカスタード状の蒸し液を作ります。
２．出汁：茶碗蒸しには出汁が必要です。一般的には鰹節や昆布から作った出汁が使われます。
３．醤油：茶碗蒸しに風味を与えるため、醤油を使います。一般的には薄口醤油が使用されます。
４．塩：蒸し液に塩味を加えるために使用します。
５．水：茶碗蒸しの蒸し液を作るための水が必要です。
６．具材：茶碗蒸しには様々な具材を追加することができます。一般的な具材には鶏肉、海鮮、野菜などがあります。

これらの材料を使用して、茶碗蒸しを作ることができます。具体的なレシピに従って手順を進めると良いでしょう。

　言語モデルの呼び出しが一度のみでよいならこのコードで問題ありません。しかし、さらに会話を続けてレシピを英語に翻訳するには以下のようにソースコードを修正し、再度言語モデルを呼び出す必要があります。

● chat_sample_2.py

```
001 from langchain.chat_models import ChatOpenAI
002 from langchain.schema import (
003     HumanMessage,
004     AIMessage
005 )
006
007 chat = ChatOpenAI(
008     model="gpt-3.5-turbo",
009 )
010
011 result = chat([
012     HumanMessage(content="茶碗蒸しを作るのに必要な食材を教えて"),
013     AIMessage( この言語モデルからの返答をAIMessageとして追加
014         content="""茶碗蒸しを作るために必要な食材は以下の通りです：
015 １．卵：茶碗蒸しの主要な材料であり、卵を使って滑らかなカスタード状の蒸し液を作ります。
016 ２．出汁：茶碗蒸しには出汁が必要です。一般的には鰹節や昆布から作った出汁が使われます。
```

4

Memory - 過去の対話を短期・長期で記憶する

```
017  3．醤油：茶碗蒸しに風味を与えるため、醤油を使います。一般的には薄口醤
     油が使用されます。
018  4．塩：蒸し液に塩味を加えるために使用します。
019  5．水：茶碗蒸しの蒸し液を作るための水が必要です。
020  6．具材：茶碗蒸しには様々な具材を追加することができます。一般的な具材
     には鶏肉、海鮮、野菜などがあります。
021
022  これらの材料を使用して、茶碗蒸しを作ることができます。具体的なレシピに
     従って手順を進めると良いでしょう。"""),
023      HumanMessage(content="前の回答を英語に翻訳して")
                                        ──メッセージを追加して翻訳させる
024  ])
025  print(result.content)
```

コードを実行すると以下の結果が出力され、英語に翻訳されているのが確認できます。

```
Here are the ingredients needed to make chawanmushi:

1. Eggs: Eggs are the main ingredient in chawanmushi, used to
create a smooth custard-like steaming liquid.

2. Dashi: Chawanmushi requires dashi, which is typically made
from bonito flakes or kombu (kelp).

3. Soy sauce: Soy sauce is used to add flavor to chawanmushi.
Thin soy sauce, also known as "usukuchi," is commonly used.

4. Salt: Salt is used to season the steaming liquid.

5. Water: Water is needed to make the steaming liquid for
chawanmushi.

6. Ingredients: Chawanmushi can include a variety of
ingredients. Common choices include chicken, seafood, and
vegetables.

By using these ingredients, you can make chawanmushi. It is
recommended to follow a specific recipe and proceed with the
instructions accordingly.
```

このように、言語モデルに会話履歴を踏まえた回答をさせるにはそれまでの履歴を
すべて送信する必要があります。

前ページのサンプルでは、手動でソースコードを編集して会話履歴を作成していま
すが、それではソースコードを編集する必要があるためアプリケーションとして公開
できません。

そんなときに役立つのがMemoryモジュールです。Memoryモジュールでは会話
履歴の保存と取り出し機能が提供されており、記憶を持たせたシステムを手軽に作成
できるようになります。

● Memory モジュールの動き

それではMemoryモジュールを使って実際に記憶を持ったチャットボットを作成
してみましょう。

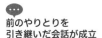

#会話履歴 ／ #チャットボット

02
文脈に応じた返答ができる
チャットボットを作成する

前のやりとりを
引き継いだ会話が成立

このセクションでは会話履歴を保存、読み込みする機能を実際に作成し、文脈に応じた返答ができるチャットボットを作成してみましょう。

▎Chat modelsで会話履歴をもとにした返答をさせる

　Memoryモジュールで会話履歴をもとにした返答をさせる処理を具体的に確認しましょう。以下のコードは説明を意図したものなので、実行する必要はありません。

● sample.py

```
001 from langchain.memory import ConversationBufferMemory
002 memory = ConversationBufferMemory( ── メモリを初期化
003     return_messages=True,
004 )
005 memory.save_context( ── メモリにメッセージを追加
006     {
007         "input": "こんにちは！"
008     },
009     {
010         "output": "こんにちは！お元気ですか？何か質問があればどうぞお知らせください。どのようにお手伝いできますか？"
011     }
012 )
013 memory.save_context( ── メモリにメッセージを追加
014     {
015         "input": "今日はいい天気ですね"
016     },
017     {
018         "output": "私はAIなので、実際の天候を感じることはできませんが、いい天気の日は外出や活動を楽しむのに最適ですね！"
019     }
020 )
021
022 print(
```

154

```
023        memory.load_memory_variables({})───[メモリの内容を確認]
024 )
```

コードのポイントを見ていきましょう。

まず2行目ではConversationBufferMemoryを初期化しています。Conversation BufferMemoryはMemoryモジュールで最も基本的なクラスです。これにより会話履歴をそのまま保存し、取り出すことができます。なお、Memoryモジュールにはほかにも複雑な機能が実装されたクラスがあるので、後のセクションで解説します。

3行目でreturn_messagesをTrueにすることでChat modelsに簡単に渡せる形式で出力できるようにします。ここでTrueにしない場合は、Chat modelsではなく、LLMsで使用しやすい形式で出力されます。Chat modelsでMemoryモジュールを使用したい場合はTrueに設定するのを忘れないようにしましょう。

5〜12行目ではinputに質問、outputに回答を設定しています。このようにmemory.save_contextを呼び出すことでユーザーからの入力、言語モデルからの出力を保存しています。ここでは説明のために実際に言語モデルを呼び出さず、ダミーの入力と出力を設定しています。

13〜20行目では5行目と同様にmemory.save_contextを実行し、入力と出力を追加しています。

22〜24行目ではmemory.load_memory_variables({})を実行し、以下の保存した会話履歴の内容を表示しています。

```
{
    'history': [
        HumanMessage(content='こんにちは！',
additional_kwargs={}, example=False),
        AIMessage(content='こんにちは！お元気ですか？何か質問があれ
ばどうぞお知らせください。どのようにお手伝いできますか？', additional_
kwargs={}, example=False),
        HumanMessage(content='今日はいい天気ですね', additional_
kwargs={}, example=False),
        AIMessage(content='私はAIなので、実際の天候を感じることはでき
ませんが、いい天気の日は外出や活動を楽しむのに最適ですね！', additional_
kwargs={}, example=False)
    ]
}
```

4

Memory - 過去の対話を短期・長期で記憶する

中身を見るとhistoryというプロパティの中に、第2章のセクション2で説明した「Chat models」を呼び出すためにそのまま使える形式で保存されていることがわかります。このように会話履歴を保存し、後から呼び出せるのがConversationBufferMemoryです。

　これを実際にチャットボットに組み込むとどうなるのか実際にコードを書いて確認してみましょう。第3章と同じようにchainlitを使用し以前の会話を覚えているアプリケーションを作成します。まずは「04_memory」というディレクトリを作成し、VS Codeの［ファイル］メニュー→［新しいテキストファイル］から、「chat_memory_1.py」というファイルを作成し、以下の通りに入力してください。

● chat_memory_1.py

```
001 import chainlit as cl
002 from langchain.chat_models import ChatOpenAI
003 from langchain.memory import ConversationBufferMemory
                           ━━ ConversationBufferMemoryをインポート
004 from langchain.schema import HumanMessage
005
006 chat = ChatOpenAI(
007     model="gpt-3.5-turbo"
008 )
009
010 memory = ConversationBufferMemory(━━ メモリを初期化
011     return_messages=True
012 )
013
014 @cl.on_chat_start
015 async def on_chat_start():
016     await cl.Message(content="私は会話の文脈を考慮した返答ができ
     るチャットボットです。メッセージを入力してください。").send()
017
018 @cl.on_message
019 async def on_message(message: str):
020     memory_message_result = memory.
     load_memory_variables({})━━ メモリの内容を取得
021
022     messages = memory_message_result['history']
                 ━━ メモリの内容からメッセージのみを取得
023
```

156

```
024    messages.append(HumanMessage(content=message))
                                    ── ユーザーからのメッセージを追加
025
026    result = chat(── Chat modelsを使って言語モデルを呼び出す
027        messages
028    )
029
030    memory.save_context(── メモリにメッセージを追加
031        {
032            "input": message,── ユーザーからのメッセージをinputとして保存
033        },
034        {
035            "output": result.content,
                                    ── AIからのメッセージをoutputとして保存
036        }
037    )
038    await cl.Message(content=result.content).send()
                                    ── AIからのメッセージを送信
```

保存できたら以下を実行してみましょう。

```
chainlit run chat_memory_1.py
```

　するとブラウザが立ち上がるので、「茶碗蒸しの作り方を教えて」と入力し送信してください。しばらく待つと回答が出力されます。
　次に「英語に翻訳して」と入力すると先ほどの回答が翻訳されます（次ページの画面参照）。

今回のコードのポイントを確認してみましょう。

● chat_memory_1.py

```
010 memory = ConversationBufferMemory(  メモリを初期化
011     return_messages=True
012 )
```

まず、10〜12行目ではConversationBufferMemoryのreturn_messagesをTrue
に設定し初期化しています。

● chat_memory_1.py

```
018  @cl.on_message
019  async def on_message(message: str):
020      memory_message_result = memory.
     load_memory_variables({})  ── メモリの内容を取得
021
022      messages = memory_message_result['history']
                ── メモリの内容からメッセージのみを取得
023
024      messages.append(HumanMessage(content=message))
                ── ユーザーからのメッセージを追加
025
026      result = chat(  ── ChatModelを使って言語モデルを呼び出す
027          messages
028      )
```

4

Memory - 過去の対話を短期・長期で記憶する

　18行目からの処理はchainlitの機能で、チャットが送信されるたびに実行されます。詳細については162ページで解説しています。

　20行目ではmemory.load_memory_variables({})を使い、保存されているメッセージを取得し、24〜28行目では取得したメモリの内容からメッセージのみを取り出し、新たにユーザーからのメッセージを追加しています。そして、26行目ではChatModelを使って言語モデルを呼び出し、結果を取得しています。

● chat_memory_1.py

```
030      memory.save_context(  ── メモリにメッセージを追加
031          {
032              "input": message,  ── ユーザーからのメッセージをinputとして保存
033          },
034          {
035              "output": result.content,
                    ── AIからのメッセージをoutput として保存
036          }
037      )
038      await cl.Message(content=result.content).send()
                ── AIからのメッセージを送信
```

　そして、30行目ではmemory.save_contextを使い、ユーザーからのメッセージとAIからのメッセージをメモリに追加し、35行目で最終的にAIからのメッセージをメ

159

モリに追加しています。

38行目ではメッセージをチャット画面に表示しています。

このようにConversationBufferMemoryを使うことで、以前の会話履歴を保存し、それをもとにした返答を行うチャットボットを作ることができます。

▎ConversationChainを使って処理をわかりやすく

前のコードは動きをわかりやすく説明するために、Memoryへの保存、Memoryから過去のメッセージの取得、言語モデルの呼び出しを別々に行っていました。

LangChainではこの一通りの動きを簡単に実装するConversationChainを提供しています。ConversationChainを使えば、MemoryモジュールやChat modelsを簡単に組み合わせて前のセクションで作成したような機能を効率よく開発できます。

このセクションではConversationChainを使ったチャットボットを作成してみましょう。

「chat_memory_1.py」を「chat_memory_2.py」というファイル名でコピーし以下のように編集します。

● chat_memory_2.py

```
001 import chainlit as cl
002 from langchain.chains import ConversationChain
                          ─── ConversationChainを追加
003 from langchain.chat_models import ChatOpenAI
004 from langchain.memory import ConversationBufferMemory
005
006 chat = ChatOpenAI(
007     model="gpt-3.5-turbo"
008 )
009
010 memory = ConversationBufferMemory(
011     return_messages=True
012 )
013
014 chain = ConversationChain(──── ConversationChainを初期化
015     memory=memory,
016     llm=chat,
017 )
018
```

```
019 @cl.on_chat_start
020 async def on_chat_start():
021     await cl.Message(content="私は会話の文脈を考慮した返答をでき
    るチャットボットです。メッセージを入力してください。").send()
022
023 @cl.on_message
024 async def on_message(message: str):
025
026     result = chain(        ConversationChainを使って言語モデルを呼び出す
027         message        ユーザーからのメッセージを引数に指定
028     )
029
030     await cl.Message(content=result["response"]).send()
```

以下のコマンドを実行すると、先ほどと同じように動作します。

```
chainlit run chat_memory_2.py
```

ConversationChainは、とても便利なクラスです。会話のメモリ管理と言語モデルの呼び出しを1つにまとめ、よりシンプルなコードで会話の文脈を考慮した返答を行うチャットボットを作成できます。

先ほどのコードでは、メモリから過去のメッセージを取得し、新たなメッセージを追加、そして言語モデルに渡すという処理を明示的に書いていました。しかし、ConversationChainを使用することでこれらの処理を1つの関数呼び出しで実行できます。

それでは、具体的にどのようにコードが変わったのか見ていきましょう。

● chat_memory_2.py

```
014 chain = ConversationChain(        ConversationChainを初期化
015     memory=memory,
016     llm=chat,
017 )
```

まず14行目で、ConversationChainを初期化して、引数としてMemoryモジュールのインスタンスとChat modelsのインスタンスを渡しています。

このように設定することで使用するMemoryとChat modelsを指定できます。

4

Memory - 過去の対話を短期・長期で記憶する

161

● chat_memory_2.py

```
023 @cl.on_message
024 async def on_message(message: str):
025
026     result = chain(────ConversationChainを使って言語モデルを呼び出す
027         message────ユーザーからのメッセージを引数に指定
028     )
```

　次に、26行目で、ConversationChainのインスタンスを呼び出し、引数としてユーザーからのメッセージを渡しています。
　この1つの関数呼び出しで、以下の処理が行われています。

1. メモリから過去のメッセージを取得
2. 新たなメッセージを追加
3. これらのメッセージを言語モデルに渡し、新たな返答を得る
4. 新たな返答をメモリに保存

　この一連の処理を1つの関数呼び出しで実行できるのが、ConversationChainの便利なところです。

● chat_memory_2.py

```
030     await cl.Message(content=result["response"]).send()
```

　最後に、30行目で、ConversationChainから得られた返答をユーザーに送信しています。
　このように、ConversationChainでMemoryモジュールを使った一連の処理を簡単に組み込むことができました。
　次は履歴をデータベースに保存することで永続化を行ってみましょう。

#会話履歴 ／ #データベース ／ #永続化

section
03

履歴をデータベースに保存して永続化する

💬
**アプリ終了後も
やりとりを再開できる**

このセクションでは履歴をデータベースに保存することで、プログラムの実行が終了しても履歴が削除されないようにしましょう。

4

Memory － 過去の対話を短期・長期で記憶する

▌ データベースに保存することで会話履歴を永続化できる

　前のセクションで見てきたように、Memory モジュールを使うことで記憶を持ったアプリケーションを作成できますが、履歴が保持できるのは以下のようなコマンドを実行してから終了するまでのみになります。

```
chainlit run chat_memory_2.py
```

　実際の言語モデルを使ったアプリケーション開発では、この状態での運用は現実的ではありません。ここでは前のセクションで作成したコードを編集し、履歴をデータベースに保存する機能を追加して永続化できるようにしていきましょう。

▌ データベースを準備する

　会話履歴を保存するためにはデータベースが必要です。今回は会話履歴を保存するためのデータベースとしてRedisを使用します。

　Redisは高速なオープンソースのインメモリデータストレージシステムで、キャッシュ、メッセージングキュー、短期メモリなどとして使われます。データはキーバリューペアの形式で保存され、さまざまなデータ型をサポートしています（文字列、リスト、セット、ハッシュ、ビットマップ、ハイパーログログなど）。Redisはメインメモリにデータを保持するため、ディスクベースのデータベースよりもはるかに高速です。メモリ内のデータは揮発性がありますが、Redisは定期的にディスクにデータを書き込むことでデータの永続性を提供します。また、スケーラビリティと高可用性を確保するためのレプリケーションとシャーディングの機能も備えています。

　今回はRedisを手軽に利用できるupstashを使用します。以下のURLを開き、[Login] をクリックしてください。

・upstash
　https://upstash.com/

ログイン画面を開いたら［Sign Up］をクリックしてユーザー登録を行います。ど
の方法でも後の手順が変わることはないので使いやすい方法で登録してください。

登録が完了したら、［Create Database］をクリックしてデータベースを作成しま
しょう。データベース名は「langchain」と入力して、Typeは［Regional］、Regionは
［Japan］を選択し、［Create］をクリックします。

画面が切り替わったらデータベース作成完了です。［Connect to your database］
の目のアイコンをクリックして表示されるredis://で始まる文字列がパスワードなど
の接続情報を含んだURLです。後の手順で必要になるので、保存しておきましょう。

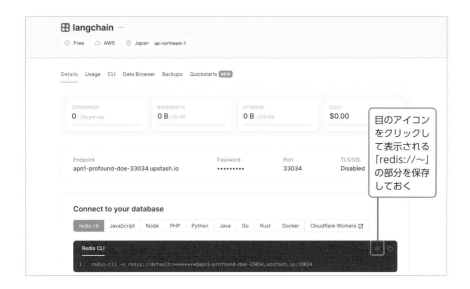

4

Memory - 過去の対話を短期・長期で記憶する

環境変数にRedisの情報を設定する

APIキーの設定と同様に、接続情報を環境変数に設定することは、セキュリティを確保しながらプログラムに機密情報を提供する一般的な方法です。Redisの接続情報を環境変数に設定しましょう。

Windowsの場合

第1章でOPENAI_API_KEYを設定したときと同様に、PowerShellと[System.Environment]::SetEnvironmentVariableコマンドを使用します。

以下のコマンドを実行してください。ここで'redis://test:test@example.com:6379'の部分は、取得したRedisへの接続情報に置き換えてください。

```
[System.Environment]::SetEnvironmentVariable('REDIS_URL',
'redis://test:test@example.com:6379', 'User')
```

上記コマンドを実行しただけでは、設定はすぐには反映されません。PowerShellを一度終了し、再度開いて以下のコマンドを実行してください。設定したREDIS_URLが表示されれば、設定は成功です。

```
echo $env:REDIS_URL
```

macOSの場合

以下の手順で、REDIS_URLという環境変数を設定しプログラムから利用できます。

1. Finderを開き、[アプリケーション] フォルダ→ [ユーティリティ] フォルダから [ターミナル] アプリを開きます。
2. 以下のコマンドを実行して、REDIS_URL環境変数を.zshrcファイルに追加します。「{接続URL}」の部分は、先ほど保存したURLに置き換えてください。

```
echo 'export REDIS_URL="{接続URL}"' >> ~/.zshrc
```

たとえば「redis://test:test@example.com:6379」が取得したURLなら以下のように実行してください。

```
echo 'export REDIS_URL="redis://test:test@example.com:6379"'
>> ~/.zshrc
```

3. .zshrcファイルに変更を適用するために、以下のコマンドを実行して、zshシェルを再読み込みします。

```
source ~/.zshrc
```

4. 正しく環境変数が設定されているか確認します。以下のコマンドを実行して設定したURLが表示されれば設定完了です。

```
echo $REDIS_URL
```

以上でREDIS_URLの設定は完了です。

▌ Redisを使って会話を永続化できるようにする

データベースの準備ができたので前のセクションで作成したコードを修正し、会話履歴をRedisに保存できるようにしましょう。

なお、Redisへ会話履歴を保存するにはredisというパッケージが必要です。以下のコマンドを実行してパッケージを追加してください。エラーなく実行が完了したら準備は完了です。

```
python3 -m pip install redis==4.6.0
```

「chat_memory_2.py」を「chat_memory_3.py」というファイル名でコピーし、以下のように編集します。

● chat_memory_3.py

```
001 import os─────環境変数を取得するためにosをインポート
002 import chainlit as cl
003 from langchain.chains import ConversationChain
004 from langchain.chat_models import ChatOpenAI
005 from langchain.memory import RedisChatMessageHistory
                         ──RedisChatMessageHistoryを追加
006 from langchain.memory import ConversationBufferMemory
007
008 chat = ChatOpenAI(
009     model="gpt-3.5-turbo"
010 )
011
012 history = RedisChatMessageHistory(
                         ──RedisChatMessageHistoryを初期化
013     session_id="chat_history",
014     url=os.environ.get("REDIS_URL"),─環境変数からRedisのURLを取得
015 )
016
017 memory = ConversationBufferMemory(
018     return_messages=True,
019     chat_memory=history,──チャット履歴を指定
020 )
021
022 chain = ConversationChain(
023     memory=memory,
024     llm=chat,
025 )
026
027 @cl.on_chat_start
028 async def on_chat_start():
029     await cl.Message(content="私は会話の文脈を考慮した返答をできるチャットボットです。メッセージを入力してください。").send()
```

4

Memory - 過去の対話を短期・長期で記憶する

```
030
031 @cl.on_message
032 async def on_message(message: str):
033
034     result = chain(message)
035
036     await cl.Message(content=result["response"]).send()
037
```

保存が完了したらVS Codeのターミナルで以下のコマンドを実行してみましょう。

```
chainlit run chat_memory_3.py
```

ブラウザが立ち上がるので、「茶碗蒸しの作り方を教えて」と入力し、結果が表示されたらVS Codeのターミナルで [Ctrl]（macOSの場合は [control]）+ [C] キーを押して一度終了します。その後再度上のコマンドを実行し、今度は「英語にして」と入力してみましょう。すると、英語の回答が返されるはずです。

以上でRedisに履歴が保存され、アプリケーションを終了しても履歴が保持されることが確認できました。

このように以前と見た目は同じですが、終了し、実行しなおしても以前の会話履歴を保持するようになりました。

コードについて詳しく見ていきましょう。

● chat_memory_3.py

```
001 import os ——— 環境変数を取得するためにosをインポート
    ~~~省略~~~
    from langchain.memory import RedisChatMessageHistory
005                      RedisChatMessageHistoryを追加
```

1行目でosモジュールをインポートしています。これはPythonの標準ライブラリで、OSの機能を利用するためのモジュールです。今回はOSの環境変数を取得するために使います。

5行目では、Redisの会話履歴を扱うためのRedisChatMessageHistoryをインポートしています。

● chat_memory_3.py

```
012  history = RedisChatMessageHistory(
                            ── RedisChatMessageHistoryを初期化
013      session_id="chat_history",
014      url=os.environ.get("REDIS_URL"), ── 環境変数からRedisのURLを取得
015  )
```

　次に、12〜15行目で会話履歴をRedisに保存するためのクラスであるRedisChat MessageHistoryを初期化しています。
　各パラメータについて見ていきましょう。

・session_id
　任意の文字列を指定します。これは、複数の会話セッションを同時に扱う場合に、それぞれの会話履歴を区別するためのIDです。ここでは「chat_history」と固定の文字列が入っているので、常に同じ会話履歴を使用するということになります。
・url
　先ほど設定したRedisのURLを指定します。os.environ.get()は環境変数を取得するための関数で、ここではREDIS_URLという環境変数を取得しています。

● chat_memory_3.py

```
017  memory = ConversationBufferMemory(
018      return_messages=True,
019      chat_memory=history, ── チャット履歴を指定
020  )
```

　17〜20行目でConversationBufferMemoryを初期化しています。ここでchat_ memoryとして、先ほど初期化したRedisChatMessageHistoryのインスタンスを指定しています。これにより、会話履歴がRedisに保存されるようになります。
　以上のようにRedisChatMessageHistoryとConversationBufferMemoryを組み合わせることで、会話履歴をRedisに保存し、アプリケーションが終了した後も履歴を保持できるようになりました。

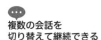

#会話履歴 ／ #複数の会話履歴

section
04

複数の会話履歴を持てる
チャットボットを作成する

複数の会話を
切り替えて継続できる

このセクションでは、session_idを変更できるようにすることで複数の会話履歴を持ったアプリケーションを作成しましょう。

▍ セッションIDを差し替えて、会話履歴を切り替える

前セクションのコードでは、session_idは固定されていたため複数人で利用したり、別の会話を始めたりすることができませんでした。今回はRedisChatMessageHistoryを初期化するsession_idを変更できるようにすることで会話履歴を切り替えられ、以前どのような会話をしたかを復元できるようにしてみましょう。

「chat_memory_3.py」を「chat_memory_4.py」というファイル名でコピーし以下のように編集します。

● chat_memory_4.py

```
001 import os
002 import chainlit as cl
003 from langchain.chains import ConversationChain
004 from langchain.chat_models import ChatOpenAI
005 from langchain.memory import ConversationBufferMemory,
    RedisChatMessageHistory
006 from langchain.schema import HumanMessage
007
008 chat = ChatOpenAI(
009     model="gpt-3.5-turbo"
010 )
011
012 @cl.on_chat_start
013 async def on_chat_start():
014     thread_id = None
015     while not thread_id:──スレッドIDが入力されるまで繰り返す
            res = await cl.AskUserMessage(content="私は会話の文脈
016 を考慮した返答ができるチャットボットです。スレッドIDを入力してくだ
    さい。", timeout=600).send()──AskUserMessageを使ってスレッドIDを入力
017         if res:
```

170

```
018            thread_id = res['content']
019
020    history = RedisChatMessageHistory(
```
新しくチャットが始まるたびに初期化するようにon_chat_startに移動
```
021        session_id=thread_id,
```
スレッドIDをセッションIDとして指定
```
022        url=os.environ.get("REDIS_URL"),
023    )
024
025    memory = ConversationBufferMemory(
```
新しくチャットが始まるたびに初期化するようにon_chat_startに移動
```
026        return_messages=True,
027        chat_memory=history,
028    )
029
030    chain = ConversationChain(
```
新しくチャットが始まるたびに初期化するようにon_chat_startに移動
```
031        memory=memory,
032        llm=chat,
033    )
034
035    memory_message_result = chain.memory.
load_memory_variables({})
```
メモリの内容を取得
```
036
037    messages = memory_message_result['history']
038
039    for message in messages:
040        if isinstance(message, HumanMessage):
```
ユーザーからのメッセージかどうかを判定
```
041            await cl.Message(
042                author="User",
```
ユーザーからのメッセージの場合はUserを指定して送信
```
043                content=f"{message.content}",
044            ).send()
045        else:
046            await cl.Message(
047                author="ChatBot",
```
AIからのメッセージの場合はChatBotを指定して送信
```
048                content=f"{message.content}",
049            ).send()
050    cl.user_session.set("chain", chain)
```
履歴をセッションに保存

4
Memory - 過去の対話を短期・長期で記憶する

```
051
052  @cl.on_message
053  async def on_message(message: str):
054      chain = cl.user_session.get("chain")─── セッションから履歴を取得
055
056      result = chain(message)
057
058      await cl.Message(content=result["response"]).send()
```

保存できたら以下のコマンドでファイルを実行してください。

```
chainlit run chat_memory_4.py
```

ブラウザが開き「スレッドIDを入力してください」と表示されるので、「test」と入力して送信してみましょう。

次に、「クッキーの作り方を教えて」と入力して送信してください。

チャットボットからのメッセージが表示されたら右上の [New Chat] をクリックしましょう。

172

すると「Create a new chat?」と表示されるので、[Confirm] をクリックして新たなチャットを開始します。また、「スレッドIDを入力してください。」と表示されるので、再度「test」と入力して送信してください。すると、先ほどの会話履歴が再現されます。

それでは、どのように動作しているのかコードについて詳しく見てみましょう。

● chat_memory_4.py

```
012 @cl.on_chat_start
013 async def on_chat_start():
014     thread_id = None
015     while not thread_id:      スレッドIDが入力されるまで繰り返す
016         res = await cl.AskUserMessage(content="私は会話の文脈
    を考慮した返答ができるチャットボットです。スレッドIDを入力してくださ
    い。", timeout=600).send()      AskUserMessageを使ってスレッドIDを入力
017         if res:
018             thread_id = res['content']
```

13〜17行目では新規チャットが開始されたときにスレッドIDをユーザーに尋ねています。スレッドIDはユーザーが入力した任意の文字列（前の実行例では「test」）で、それをもとに会話履歴を切り替えます。

16行目のcl.AskUserMessageはユーザーに入力を求めるメッセージを作成します。そして、sendメソッドを呼び出すと、そのメッセージがユーザーに送信され、ユーザーの返答を待ちます。

● chat_memory_4.py

```
020     history = RedisChatMessageHistory(
            新しくチャットが始まるたびに初期化するようにon_chat_startに移動
021         session_id=thread_id,      スレッドIDをセッションIDとして指定
022         url=os.environ.get("REDIS_URL"),
023     )
024
025     memory = ConversationBufferMemory(
            新しくチャットが始まるたびに初期化するようにon_chat_startに移動
026         return_messages=True,
027         chat_memory=history,
028     )
029
```

```
030    chain = ConversationChain(
        ─── 新しくチャットが始まるたびに初期化するようにon_chat_startに移動
031        memory=memory,
032        llm=chat,
033    )
```

20～33行目では、スレッドIDをもとにRedisChatMessageHistory、Conversation
BufferMemory、ConversationChainを新たに初期化しています。これにより、新し
いスレッドIDごとに新たな会話履歴を扱うことができます。

● chat_memory_4.py

```
035    memory_message_result = chain.memory.
       load_memory_variables({}) ─── メモリの内容を取得
036
037    messages = memory_message_result['history']
038
039    for message in messages:
040        if isinstance(message, HumanMessage):
                ─── ユーザーからのメッセージかどうかを判定
041            await cl.Message(
                    ─── ユーザーからのメッセージの場合はauthorUserを指定して送信
042                author="User",
043                content=f"{message.content}",
044            ).send()
045        else:
046            await cl.Message(
                    ─── AIからのメッセージの場合はChatBotを指定して送信
047                author="ChatBot",
048                content=f"{message.content}",
049            ).send()
050    cl.user_session.set("chain", chain) ─── 履歴をセッションに保存
```

35～49行目では、新たに初期化したConversationChainから過去の会話履歴を取
得し、それをユーザーに送信しています。これにより、新しいチャットが開始された
ときに、そのスレッドIDに対応する過去の会話履歴を表示できます。
40行目では各メッセージがHumanMessageかどうかを判定することで、ユーザー
からのメッセージと言語モデルからの返答を切り替えています。

　そして、50行目でcl.user_session.set("chain", chain)を使って、初期化した
ConversationChainのインスタンスをユーザーセッションに保存しています。これに
より、同じユーザーセッション内のon_message関数からも同じConversationChain
のインスタンスにアクセスできます。

● chat_memory_4.py

```
052 @cl.on_message
053 async def on_message(message: str):
054     chain = cl.user_session.get("chain")──セッションから履歴を取得
055
056     result = chain(message)
057
058     await cl.Message(content=result["response"]).send()
```

　53行目でユーザーセッションからConversationChainのインスタンスを取得し、
それを使ってメッセージの処理を行っています。
　以上のように、スレッドIDをもとにConversationChainを初期化し、それをユー
ザーセッションに保存することで、スレッドIDごとの会話履歴を切り替えられます。
そして、ユーザーが新たにチャットを開始するたびに、そのスレッドIDに対応する
過去の会話履歴を表示する機能を実装できました。

4

Memory － 過去の対話を短期・長期で記憶する

section 05

非常に長い会話履歴に対応する

●●●
古い会話の削除や
トークン数を制限する

ここまでで、会話履歴を永続化し、過去の履歴呼び出しも可能になりました。しかし現状だと会話が非常に長くなった場合に対応できていません。このような問題に対応するための機能も用意されています。

会話履歴が長くなりすぎると言語モデルを呼び出せない

言語モデルはコンテキスト長の限界を超えた処理を受け付けることができません。以下の例のように会話を続けているとコンテキスト長の限界を超えてしまいます。

● language_models.py

```
001 from langchain.chat_models import ChatOpenAI
002 from langchain.schema import (
003     HumanMessage
004 )
005 chat = ChatOpenAI()
006
007 result = chat([
008     HumanMessage(content="茶碗蒸しの作り方を教えて"),
009     AIMessage(content="{ChatModelからの返答である茶碗蒸しの作り方}"),
010     HumanMessage(content="餃子の作り方を教えて"),
011     AIMessage(content="{ChatModelからの返答である餃子の作り方}"),
012     HumanMessage(content="チャーハンの作り方を教えて"),
013 ])
014
015 print(result.content)
```

このように会話を続けてコンテキスト長の限界を超えると以下のようなエラーが発生します。

```
openai.error.InvalidRequestError: This model's maximum context
length is 4097 tokens. However, your messages resulted in ~~~
tokens. Please reduce the length of the messages.
```

実際のアプリケーション開発では、一定以上の会話を続けられないという前提では作りたい機能を実装できなくなる場合があります。

Memoryモジュールではこの問題に対応するために、複数の機能を用意しています。1つ1つ見ていきましょう。

古い会話は削除する

長すぎる会話履歴でコンテキスト長限界を超えてしまう問題への対応として、一定以上古い会話履歴は削除することが考えられます。このような機能を簡単に作成するモジュールがConversationBufferWindowMemoryです。

160ページのコードをもとにConversationBufferWindowMemoryを使ったチャットボットを実際に作成してみましょう。VS Codeの［ファイル］メニュー→［新しいテキストファイル］から、「custom_memory_1.py」というファイルを作成し、以下の通りに入力してください。

● custom_memory_1.py

```
001 import chainlit as cl
002 from langchain.chains import ConversationChain
003 from langchain.chat_models import ChatOpenAI
004 from langchain.memory import ConversationBufferWindowMemory
            ConversationBufferWindowMemoryをインポート
005
006 chat = ChatOpenAI(
007     model="gpt-3.5-turbo"
008 )
009
010 memory = ConversationBufferWindowMemory(
011     return_messages=True,
012     k=3    3往復分のメッセージを記憶する
013 )
014
015 chain = ConversationChain(
016     memory=memory,
017     llm=chat,
018 )
019
020 @cl.on_chat_start
```

```
021 async def on_chat_start():
022     await cl.Message(content="私は会話の文脈を考慮した返答ができ
    るチャットボットです。メッセージを入力してください。").send()
023
024 @cl.on_message
025 async def on_message(message: str):
026     messages = chain.memory.load_memory_variables({})
    ["history"]──── 保存されているメッセージを取得する
027
028     print(f"保存されているメッセージの数: {len(messages)}"
                        ──── 保存されているメッセージの数を表示する
029     )
030
031     for saved_message in messages:
                        ──── 保存されているメッセージを1つずつ取り出す
032         print(saved_message.content
                        ──── 保存されているメッセージを表示する
033             )
034
035     result = chain(message)
036
037     await cl.Message(content=result["response"]).send()
```

コードのポイントを見ていきましょう。

まず4行目でConversationBufferWindowMemoryをインポートして、10行目で初期化しています。

12行目ではk=3と設定しています。これは3往復分までのメッセージを保持するという設定です。つまり4往復目には最初のメッセージを削除するようになります。

実際のアプリケーション開発で3往復分のみ保存するという意味はあまりありませんが、トークン数制限に対応する1つの方法になります。

会話を要約することでトークン数制限に対策する

先ほどの例だと過去の会話履歴は削除されてしまうので、会話を続けていると最初の会話についての内容を忘れてしまいます。この問題の対策の1つとして使えるのがConversationSummaryMemoryです。この機能を使うと会話ごとに内容を要約することでトークン数制限の問題に対応できます。

実際にアプリケーションを作ってどのような動きになるか見ていきましょう。

「custom_memory_1.py」を「custom_memory_2.py」というファイル名でコピーし以下のように編集します。

● custom_memory_2.py

```
001 import chainlit as cl
002 from langchain.chains import ConversationChain
003 from langchain.chat_models import ChatOpenAI
004 from langchain.memory import ConversationSummaryMemory
005 from langchain.memory import ConversationSummaryMemory
006 from langchain.chains import ConversationChain
007 from langchain.memory import ConversationSummaryMemory
008 from langchain.chains import ConversationChain
009
010 chat = ChatOpenAI(
011     model="gpt-3.5-turbo"
012 )
013
014 memory = ConversationSummaryMemory(
```

────── ConversationSummaryMemoryを使用するように変更

```
015     llm=chat,
```

────── Chatモデルを指定する

```
016     return_messages=True,
017 )
018
019 chain = ConversationChain(
020     memory=memory,
021     llm=chat,
022 )
023
024 @cl.on_chat_start
025 async def on_chat_start():
026     await cl.Message(content="私は会話の文脈を考慮した返答をできるチャットボットです。メッセージを入力してください。").send()
027
028 @cl.on_message
029 async def on_message(message: str):
030     messages = chain.memory.load_memory_variables({})["history"]
```

────── 保存されているメッセージを取得する

```
031
032     print(f"保存されているメッセージの数: {len(messages)}"
```

────── 保存されているメッセージの数を表示する

4

Memory - 過去の対話を短期・長期で記憶する

179

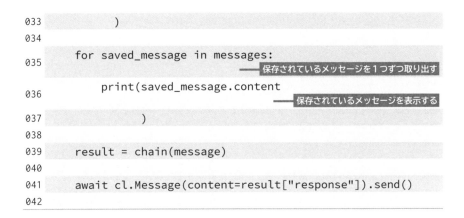

```
033              )
034
035      for saved_message in messages:
                                    ── 保存されているメッセージを1つずつ取り出す
036          print(saved_message.content
                                    ── 保存されているメッセージを表示する
037                  )
038
039      result = chain(message)
040
041      await cl.Message(content=result["response"]).send()
042
```

編集が完了したら、以下のコマンドを実行してください。

```
chainlit run custom_memory_2.py
```

　チャットウィンドウが開いたら「チャーハンの作り方を教えて」と送信してください。結果が表示されたら今度は「餃子の作り方を教えて」と送信してみましょう。
　するとVS Codeのターミナルに以下のように表示されるはずです。

保存されているメッセージの数: 1
The human asks the AI to teach them how to make fried rice. The AI provides a detailed recipe for making fried rice, including recommendations for using cold rice and various ingredients. The AI also suggests adding meat or seafood for additional flavor. The AI encourages the human to try making it themselves.

　保存されているメッセージ数と、以前のチャットを要約した文章が表示されました。先ほどの例と異なり、保存されているメッセージ数は要約されているため1件のみです。
　翻訳すると以下のようになり、先ほどの会話が要約されていることがわかります。このように要約することで、コンテキスト長の影響を受けにくい状態で会話を続けることができるようになります。

人間はAIにチャーハンの作り方を教えてほしいと頼む。AIはチャーハンの作り方を詳しく説明し、冷やご飯やさまざまな食材の使い方を勧める。さらにAIは、肉や魚介類を加えるとよりおいしくなることも提案する。AIは人間に自分で作ってみるよう勧める。

CHAPTER

5

Chains - 複数の処理をまとめる

section
01

#複数の処理をまとめる ／ #言語モデル

複数の処理を まとめることができる

💬
コーディングの
効率アップに直結

Chainsは複数のモジュールの連携を簡単にできるようにしたり、Chains自体を呼び出したりすることができます。

▌ Chainsは一連の処理をまとめられる

Chainsは一連の処理を1つのまとまりとして扱うことができるモジュールです。Chainsには非常に多くの機能が存在しますがここでは3つに分けて紹介します。

① 複数モジュールの組み合わせを簡単にする

LangChainを使って実際にアプリケーションを作るときに、1つのモジュールだけで目的の機能が実装できるとは限りません。そういう場合に役立つのがChainsモジュールのLLMChainやConversationChainです。

たとえば第2章のModel I/Oモジュールでは、PromptTemplateを使ったプロンプトの構築と、Chat modelsを使った言語モデルの呼び出しを別々に行いましたが、LLMChainを使うことで一度に処理を行えます。LLMChainとは複数モジュールの組み合わせを簡単にするChainsモジュールの1つです。

また、ConversationChainでは、第4章で紹介したMemoryモジュールとLangChainのほかのモジュールとの組み合わせを簡単に行えます。たとえば第2章で紹介したModel I/OのChat modelsと組み合わせることで、非常に少ないコード量で対話形式のやりとりを前提にした返答を言語モデルにさせることができます。

Chainsモジュールを使わなくてもこのような機能は作成できますが、Chainsを使うことで簡単にまとめられます。

このように複数のモジュールの組み合わせを簡単にひとまとまりにできるのがChainsモジュールの特徴です。

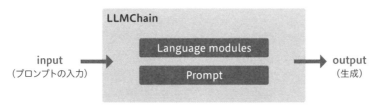

複数のモジュールを組み合わせる

② 特定の用途に特化したChains

　言語モデルの呼び出しだけでは対応が難しい機能や複雑な処理を、あらかじめLangChain側で組み込むことで特定の用途に特化したChainsも存在します。

　たとえば、189ページで紹介する「LLMRequestsChain」というChainsでは、与えられたURLにアクセスし、取得した結果と質問を組み合わせて作成したプロンプトで言語モデルを呼び出せます。

　このように、言語モデルに「与えられたURLへアクセスし、情報を取得する」という機能を追加し、「特定のWebサイトの情報をもとに回答を生成する」という用途に特化させた機能を作成できるのもChainsモジュールの特徴です。

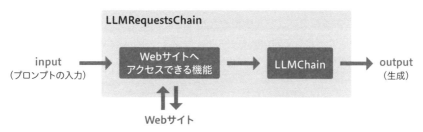

LLMChainモジュールを拡張

③ Chains自体をまとめる

　①、②で説明したように1つのChainsは「機能の塊」といえます。この機能の塊を複数用意し、順番に実行したり必要に応じて呼び出し分けたりできるようにChains自体をまとめることができます。

　Chains自体をまとめることで、たとえば「LLMRequestsChain」でWebページから取得した情報を要約し、さらにその情報を別のChainsを使って処理するといったことが可能になります。このように工夫次第で、1つのChainsだけでは実現が難しい機能を作成できます。

　Chainsモジュールは以上のようにできることの幅がとても広いだけでなく、使う目的が異なります。

　1つずつコードを作成しながら具体的にどのようなことができるのか見ていきましょう。

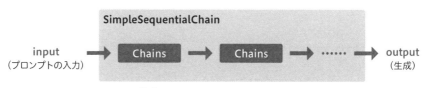

複数のChainsをまとめて、順番に実行する

#複数モジュール ／ #まとめる

section

02

複数モジュールの組み合わせを簡単にするChains

💬 コードが短く書ける

このタイプのChainsはLangChainのほかのモジュールを組み合わせて、1つの機能を作成します。使用しなくても組み込めますが、Chainsを使うことで少ないコードで機能を実装できるようになります。

▍LLMChainを使って複数のモジュールをまとめる

まずは基本となるLLMChainについて解説します。LLMChainは前のセクションで説明した通り「① 複数モジュールの組み合わせを簡単にする」Chainsです。主に第2章のModel I/Oで紹介したPromptTemplateモジュール、Chat modelsモジュールを組み合わせるのに利用します。

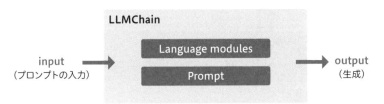

複数のモジュールを組み合わせる

第2章ではLLMChainを使わずに機能を作成しましたが、ここではLLMChainを使って同様の機能を作成してみましょう。

まずは「05_chain」というディレクトリを作成し、VS Codeの［ファイル］メニュー→［新しいテキストファイル］から、「llmchain.py」というファイルを作成し、以下の通りに入力してください。

● llmchain.py

```
001  from langchain import LLMChain, PromptTemplate
                                          ── LLMChainをインポート
002  from langchain.chat_models import ChatOpenAI
003
004  chat = ChatOpenAI(
005      model="gpt-3.5-turbo",
006  )
```

```
007
008 prompt = PromptTemplate(
009     template="{product}はどこの会社が開発した製品ですか？",
010     input_variables=[
011         "product"
012     ]
013 )
014
015 chain = LLMChain(          LLMChainを作成する
016     llm=chat,
017     prompt=prompt,
018 )
019
020 result = chain.predict(product="iPhone")      LLMChainを実行する
021
022 print(result)
```

保存できたら以下のコマンドを実行します。

```
python3 llmchain.py
```

すると以下のように63ページと同様の結果が返ってきたのがわかると思います。

```
iPhoneはアメリカのApple Inc.（アップル）が開発した製品です。
```

それではコードのどこが変わったのか具体的に見ていきましょう。

● llmchain.py
```
001 from langchain import LLMChain, PromptTemplate
                                    LLMChainをインポート
```

1行目ではLLMChainのインポートが追加されています。

● llmchain.py
```
015 chain = LLMChain(   LLMChainを作成する
016     llm=chat,
```

```
017      prompt=prompt,
018 )
019
020 result = chain.predict(product="iPhone")━━ LLMChainを実行する
```

15〜18行目ではパラメータにChat modelsとPromptTemplateを設定し、LLMChain
の初期化を行い、20行目で実行されています。

62ページのコードと比較してみましょう。

● prompt_and_language_model.py（再掲）

```
016 result = chat(━━ 実行する
017     [
018         HumanMessage(content=prompt.
    format(product="iPhone")),
019     ]
020 )
```

「prompt_and_language_model.py」ではPromptTemplateを使ったプロンプトの
生成、言語モデルの呼び出しを別々に行っていました。しかしLLMChainを使った
場合は、プロンプトの生成、言語モデルの呼び出しをpredictメソッドのみで簡単に
行うことができています。

これだけだとLLMChainを使うメリットはあまり感じないかもしれませんが、後
に解説するほかのChainsと組み合わせることで真価を発揮します。また、ほかのモ
ジュールの便利な機能を使う際に、LLMChainでの組み込みが必須になる場合がある
ので使い方を覚えておきましょう。

ConversationChainで記憶を持ったアプリケーション開発を簡単にする

第4章で記憶を持ったアプリケーションを開発しましたが、実はそのときに使って
いたのも**複数モジュールの組み合わせを簡単にするChains**です。

すでに紹介しているため詳しくは解説しませんが、ConversationChainはMemory
モジュールとほかのモジュールの組み合わせを簡単にするモジュールです。

● conversation_chain.py

```
001 from langchain.chains import ConversationChain
002 from langchain.chat_models import ChatOpenAI
003 from langchain.memory import ConversationBufferMemory
004
005 chat = ChatOpenAI()
006
007 memory = ConversationBufferMemory(return_messages=True)
008
009 chain = ConversationChain( ── ConversationChainを初期化
010     memory=memory, ── Memoryモジュールを指定
011     llm=chat, ── 言語モデルを指定
012 )
```

このようにLangChainでは**複数モジュールの組み合わせを簡単にするChains**がいくつか用意されています。

なお、この種類のChainsでは特に、処理を暗黙的に行ってブラックボックスになりがちです。そのためまずは各モジュールがどのような処理を行うのかきちんと理解して読み進めることをおすすめします。

Chainsでどのような処理が行われているか詳しく表示する

Chainsはクラス名が「〜〜Chain」となっています。これらのモジュールは、以下のようにverbose=Trueを追加することで、どのような処理が行われているかをターミナルに表示させられます。

```
chain = LLMChain(
    llm=chat,
    prompt=prompt,
    verbose=True ── 追加
)
```

LLMChainではverboseをTrueに設定するとターミナルに以下のように出力されます。

```
> Entering new LLMChain chain...
Prompt after formatting:
iPhoneはどこの会社が開発した製品ですか？

> Finished chain.
iPhoneはアメリカのApple Inc.（アップル）が開発した製品です。
```

　最後のprint文による出力以外はverboseをTrueに設定したことにより表示されています。
　出力されたログを確認すると以下のような処理が実行されていることがわかります。

1. LLMChainが実行開始したこと
2. 「iPhoneはどこの会社が開発した製品ですか？」というプロンプトが生成された
   こと
3. LLMChainの実行が終了したこと

　ChainsのなかではLLMChainは内部で行われる処理が少なく理解しやすいですが、プロンプトの生成と言語モデルの呼び出しを何度も行うChainsも存在します。このようなChainsを使って開発を行う場合はverboseをTrueに設定して内部で行われる処理を追えるようにしておきましょう。

#機能特化 ／ #Chains

特定の機能に特化した Chains

Webからの
情報取得も簡単

特定の機能を組み合わせることで、ある用途に特化させるタイプのChainsも
存在します。

特定のURLにアクセスして情報を取得させる

　第3章のRetrievalモジュールで見たように、言語モデルは学習した知識以外の情報
に基づいた回答はできません。そこで、Chainsモジュールには特定のURLから情報を
取得し、その情報をもとに回答を生成できるLLMRequestsChainが用意されています。
　LLMRequestsChainは、LLMChainモジュールを拡張することで特定のURLから
情報を取得し、プロンプトを構築し言語モデルの呼び出しまでを行う機能です。

LLMChainモジュールを拡張

　実際にコードを書いてどのように動作するか見ていきましょう。
　以下は気象庁が公開する特定の天気情報を取得できるURLです。これは東京の情
報ですが、末尾の130000.jsonを変更することで別の地域の情報を取得できます。

https://www.jma.go.jp/bosai/forecast/data/overview_forecast/130000.json

　このURLをブラウザで開くと次ページ冒頭に挙げたようにjson形式で配信されて
いますが、この形式でも特に処理することなく情報を取り込めます。なお、URLか
ら取得できる情報は日々更新されるため、結果は異なる場合があります。

```
{
    "publishingOffice": "気象庁",
```

```
    "reportDatetime": "2023-08-09T16:57:00+09:00",
    "targetArea": "東京都",
    "headlineText": "",
    "text": " 関東甲信地方は、高気圧の縁を回って流れ込む湿った空気
```
の影響を受けています。\n\n　東京地方は、曇りや雨で、雷を伴っている所があり
ます。\n\n　９日は、高気圧の縁を回って流れ込む湿った空気の影響を受ける見
込みです。このため、曇り時々雨で、雷を伴い激しく降る所があるでしょう。伊豆
諸島では、雨で雷を伴う所がある見込みです。\n\n　１０日は、高気圧に緩やか
に覆われますが、湿った空気の影響を受ける見込みです。このため、曇り昼前から
時々晴れで、朝晩は雨の降る所があるでしょう。小笠原諸島では、台風第７号の影
響で、雷を伴った激しい雨が降り大荒れの天気となる見込みです。\n\n【関東甲信
地方】\n　関東甲信地方は、曇りで、雨や雷雨となっている所があります。\n\n
９日は、高気圧の縁を回って流れ込む湿った空気の影響を受ける見込みです。この
ため、曇りや雨で、雷を伴い非常に激しく降る所があるでしょう。\n\n　１０日
は、高気圧に緩やかに覆われますが、湿った空気の影響を受ける見込みです。この
ため、曇りや晴れで、雨の降る所があり、明け方まで雷を伴う所があるでしょう。
\n\n　関東地方と伊豆諸島の海上では、１０日にかけて、うねりを伴いしけるで
しょう。船舶は高波に注意してください。"
```
}
```

　それでは上記のURLから取得した情報をもとに回答できるアプリケーションを作
成してみましょう。LLMRequestsChain を使うためには、bs4 という Python パッケー
ジが必要です。以下のコマンドを実行し、インストールしましょう。

```
python3 -m pip install beautifulsoup4==4.12.3
```

● request_chain.py

```
001 from langchain.chains import LLMChain, LLMRequestsChain
002 from langchain.chat_models import ChatOpenAI
003 from langchain.prompts import PromptTemplate
004
005 chat = ChatOpenAI()
006
007 prompt = PromptTemplate(       PromptTemplateを初期化
008     input_variables=["query",
009                         "requests_result"],
010     template="""以下の文章を元に質問に答えてください。
011 文章: {requests_result}
012 質問: {query}""",
```

```
013 )
014
015 llm_chain = LLMChain(
016     llm=chat,
017     prompt=prompt,
018     verbose=True,
019 )
020
021 chain = LLMRequestsChain(————— LLMRequestsChainを初期化
022     llm_chain=llm_chain,————— llm_chainにはLLMChainを指定
023 )
024
025 print(chain({
026     "query": "東京の天気について教えて",
027     "url": "https://www.jma.go.jp/bosai/forecast/data/
    overview_forecast/130000.json",
028 }))
```

5

Chains - 複数の処理をまとめる

入力が完了したら以下のコマンドで実行してみましょう。

```
python3 request_chain.py
```

すると以下のような結果が表示されるかと思います。

東京の天気については、以下のような情報が含まれています。

- 東京地方は、曇りや雨で、雷を伴っている所があります。
- ９日は、曇り時々雨で、雷を伴い激しく降る所がある見込みです。伊豆諸島では、雨で雷を伴う所がある見込みです。
- １０日は、曇り昼前から時々晴れで、朝晩は雨の降る所があるでしょう。小笠原諸島では、台風第７号の影響で、雷を伴った激しい雨が降り大荒れの天気となる見込みです。~~~省略~~~

東京の天気情報について、URLから情報を取得して回答できました。先ほどの気象庁のURLは随時更新されるので、実行する日により最新の情報を取得できます。それでは詳しく見ていきましょう。

● request_chain.py

```
007 prompt = PromptTemplate(────  PromptTemplateを初期化
008     input_variables=["query",
009                      "requests_result"],
010     template="""以下の文章を元に質問に答えてください。
011 文章: {requests_result}
012 質問: {query}""",
013 )
014
015 llm_chain = LLMChain(
016     llm=chat,
017     prompt=prompt,
018     verbose=True,
019 )
020
021 chain = LLMRequestsChain(────  LLMRequestsChainを初期化
022     llm_chain=llm_chain,────  llm_chainにはLLMChainを指定
023 )
024
025 print(chain({
026     "query": "東京の天気について教えて",
027     "url": "https://www.jma.go.jp/bosai/forecast/data/
    overview_forecast/130000.json",
028 }))
```

　7～13行目ではrequests_result、queryを必要とするPromptTemplateを作成しています。requests_resultには後の処理でURLから取得したテキストが入力され、queryには質問が入力されます。

　15～19行目ではLLMRequestsChainで使用するためにLLMChainを初期化しています。ここでは先ほどのPromptTemplateと組み合わせて、requests_resultとqueryをもとに質問に回答できるLLMChainを作成しました。21～23行目でLLMRequestsChainを、llm_chainを使用して初期化しています。ここまでがLLMRequestsChainを使用する準備で、25～28行目では作成したLLMRequestsChainを実行しています。queryには質問文、urlには取得元としたいURLを設定しています。

　LLMRequestsChainは、このように与えられたURLから情報を取得し、PromptTemplateを使ったプロンプト構築、言語モデルの呼び出しまでを一括で行えます。

#複数のChainsをまとめるChains

Chains自体をまとめる

シンプルにまとめて
順番に実行

Chains自体をまとめることで、1つのChainsでは難しい処理も簡単に実装できます。どのようなことができるのか見ていきましょう。

5

Chains – 複数の処理をまとめる

Chains自体を順番に実行するSimpleSequentialChain

言語モデルは、一度の呼び出しで複数のタスクを実行させようとすると、結果が安定しなかったりクオリティが落ちてしまったりすることがあります。

このような場合はChainsモジュールのSimpleSequentialChainモジュールを使ってタスクを分割し、順番に実行させてみましょう。

複数のChainsをまとめて、順番に実行する

実際にコードを書いて動作を確認してみましょう。

VS Codeの［ファイル］メニュー→［新しいテキストファイル］から、「sequential_chain.py」というファイルを作成し以下を入力してください。

● sequential_chain.py

```
001 from langchain.chains import LLMChain, SimpleSequentialChain
002 from langchain.chat_models import ChatOpenAI
003 from langchain.prompts import PromptTemplate
004
005 chat = ChatOpenAI(model="gpt-3.5-turbo")
006
007 write_article_chain = LLMChain(━━━ 記事を書くLLMChainを作成する
008     llm=chat,
009     prompt=PromptTemplate(
010         template="{input}についての記事を書いてください。",
```

```
011          input_variables=["input"],
012      ),
013  )
014
015  translate_chain = LLMChain(──翻訳するLLMChainを作成する
016      llm=chat,
017      prompt=PromptTemplate(
018          template="以下の文章を英語に翻訳してください。\n{input}",
019          input_variables=["input"],
020      ),
021  )
022
023  sequential_chain = SimpleSequentialChain(
                              ──SimpleSequentialChainを作成する
024      chains=[──実行するChainsを指定する
025          write_article_chain,
026          translate_chain,
027      ]
028  )
029
030  result = sequential_chain.run("エレキギターの選び方")
031
032  print(result)
```

以下のコマンドで上記ソースコードを実行してみましょう。

```
python3 sequential_chain.py
```

すると以下のように記事が生成され、英語に翻訳されることが確認できます。

```
How to Choose an Electric Guitar

When choosing an electric guitar, it is important to select
one that suits your music style and preferences. Here are some
key points to consider when choosing an electric guitar:

~~~省略~~~
```

ソースコードの要点を確認しましょう。

● sequential_chain.py

```
007  write_article_chain = LLMChain(      記事を書くLLMChainを作成する
008      llm=chat,
009      prompt=PromptTemplate(
010          template="{input}についての記事を書いてください。",
011          input_variables=["input"],
012      ),
013  )
```

　7行目では特定の題材に関する記事を生成するLLMChainを初期化し、write_article_chain変数に格納しています。

● sequential_chain.py

```
015  translate_chain = LLMChain(      翻訳するLLMChainを作成する
016      llm=chat,
017      prompt=PromptTemplate(
018          template="以下の文章を英語に翻訳してください。\n{input}",
019          input_variables=["input"],
020      ),
021  )
```

　次に15行目では翻訳をするLLMChainを初期化し、translate_chain変数に格納しています。

● sequential_chain.py

```
023  sequential_chain = SimpleSequentialChain(
                                      SimpleSequentialChainを作成する
024      chains=[      実行するChainsを指定する
025          write_article_chain,
026          translate_chain,
027      ]
028  )
```

　23行目ではSimpleSequentialChainを初期化し、sequential_chain変数に格納しています。write_article_chain、translate_chain変数を配列で指定しています。

5

Chains - 複数の処理をまとめる

このように設定することで、Chainsを順番に実行できるのがSimpleSequentialChainです。

● sequential_chain.py

```
030 result = sequential_chain.run("エレキギターの選び方")
031
032 print(result)
```

31行目でsequential_chainをrunメソッドで実行し、32行目で結果を表示しています。

以上でSimpleSequentialChainを使って順番にChainsを実行できました。

用途に合わせて大量に用意されている Chains

この章では代表的な Chains を紹介しましたが、ほかにもたくさんの Chains が用意されています。概要を紹介するので、気になるものがあれば調べて使ってみましょう。

- **RouterChain**
  事前に準備した複数の Chains とその説明を用意しておき、質問や指示に応じてどの Chains を実行するべきか判断したうえで Chains を実行します。このように複数 Chains をまとめることで、結果的に複数の種類のタスクを 1 つの Chains で処理できるようになります。
- **LLMMathChain**
  言語モデルが間違えがちな計算を確実に行わせる Chains です。言語モデルに Python コードを書かせて、実行することで確実な計算を可能にしています。
- **LLMCheckerChain**
  入力されたプロンプトで言語モデルを呼び出し、結果をさらに言語モデルを呼び出し検証することで誤った結果を出力しにくくできます。
- **OpenAIModerationChain**
  生成されたコンテンツが OpenAI のポリシーに準拠しているかをチェックする Moderation という機能があります。この Chains は Moderation 機能を使用し暴力や差別、自傷など問題のあるコンテンツの生成を防ぐためのものです。

Agents - 自律的に
外部と干渉して
言語モデルの限界
を超える

\#自律的 ／ \#Agent ／ \#Tool

外部に干渉しつつ 自律的に行動できるAgents

💬 まずは基本を 押さえよう

言語モデル単体ではテキストを送信し、テキストを受け取る以上のことはできません。Agentsモジュールを使うことで、多様なタスクを実行できます。

言語モデルに道具を持たせることができる

多くの人は、計算をするときに電卓を使い、知らない情報について調べるためにGoogleなどで検索を行うでしょう。Agentsモジュールを使うことで、それと同じように、言語モデルがタスクに応じたツールを選択して実行できるようになります。

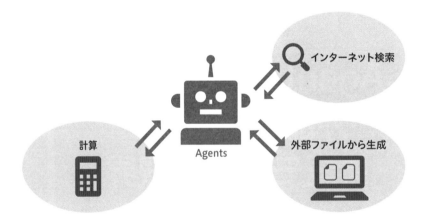

Agentsモジュールでは以下の2つのサブモジュールがあります。まずはそれぞれ概観をつかみましょう。

・Tool
・Agent

文字通りいろいろな「道具」になるTool

Toolは言語モデル単体でできないことをできるようにするためのモジュールです。Toolには計算ができるもの、検索ができるものなど、さまざまな種類があります。そのため目的に合わせて必要なものを使います。言い方を変えると、どのようなTool

を用意するかによってできることが変わるということです。

　なお、ToolはLangChainに備わっているもののほか、自分で作成したものを使うことも可能です。LangChainが用意しているToolには以下のようなものが存在します。

・LLMMath
　言語モデルが苦手とされる計算を行うためのToolです。
・Requests
　指定されたURLへリクエストを送信できます。主にWebサイトの情報を取得したり、インターネット上に公開されたAPIから情報を取得したりするのに使われます。
・File System Tools
　PC内のファイルにアクセスし、指定されたパスのファイルの読み込み／書き込みが行えます。たとえば実行結果を保存したり、ファイルに保存された情報を読み込んだりできます。
・SerpApi
　GoogleやYahoo!検索をAPIから行うSerpApiというWebサービスと連携できます。言語モデルが知らない情報をGoogleなどで検索して取得するのに使われます。

命令から自律的に処理を実行するAgent
　Agentとは、Toolを選択し、以下のステップで処理を実行する主体です。

1. ユーザーからのタスクを受け取る
2. 用意されているToolの中から、どれを使うべきか、どんな情報を入力するかを決める
3. Toolを使って結果を得る
4. 3で得られた結果から、タスクが達成できているかを検証する
5. タスクが達成できたとAgentが判断できるまで、2から4のステップを繰り返す

　この一連の流れはAgentで最もよく使われており、ReAct手法と呼ばれます。ほかにもいくつかの手法があり、設定値を変えることで簡単に切り替えられます。
　このように、Agentは単にToolを操作するだけではありません。どのToolをどのように使えばよいかを考え実行し、**結果の検証までAgent自身が行うことがAgentの最大の価値であり、特徴**です。
　次は言語モデル単体では達成できないタスクをAgentsモジュールを使って実現してみましょう。

6
Agents － 自律的に外部と干渉して言語モデルの限界を超える

199

与えられたURLから情報を取得できるようにする

URLにアクセスできるToolを持ったAgentを作成してみましょう。GPT-3.5では正常に動作しない場合があるため、より性能のよいGPT-4を使います。「06_agent」というディレクトリを作成し、VS Codeの［ファイル］メニュー→［新しいテキストファイル］から、「agent_1.py」というファイルを作成し以下の通り入力してください。

● agent_1.py

```
001  from langchain.agents import AgentType, initialize_agent,
     load_tools
002  from langchain.chat_models import ChatOpenAI
003
004  chat = ChatOpenAI(
005      temperature=0,——temperatureを0に設定して出力の多様性を抑える
006      model="gpt-4"——使用するモデルにGPT-4を指定
007  )
008
009  tools = load_tools(——LangChainに用意されているToolを読み込む
010      [
011          "requests",
                       ——特定のURLの結果を取得できるToolであるrequestsを読み込む
012      ]
013  )
014
015  agent = initialize_agent(——Agentを初期化する
016      tools=tools,——Agentが使用することができるToolの配列を設定
017      llm=chat,——Agentが使用する言語モデルを指定
018      agent=AgentType.CHAT_ZERO_SHOT_REACT_DESCRIPTION,
                           ——ReAct方式で動作するように設定する
019      verbose=True——実行途中のログを表示する
020  )
021
022  result = agent.run("""以下のURLにアクセスして東京の天気を調べて日
     本語で答えてください。
023  https://www.jma.go.jp/bosai/forecast/data/overview_
     forecast/130000.json
024  """)
025
026  print(f"実行結果: {result}")
```

入力が完了したら以下のコマンドを実行してください。

```
python3 agent_1.py
```

すると以下のように結果が表示されます。

```
> Entering new AgentExecutor chain...
Question: How can I access the weather information for Tokyo?
Thought: I can use the `requests_get` tool to access the URL
provided and retrieve the weather information.
Action:
```
{
  "action": "requests_get",
  "action_input": "https://www.jma.go.jp/bosai/forecast/data/
overview_forecast/130000.json"
}
```

Observation: {~~~省略~~~}
Thought:The weather information for Tokyo is as follows:

東京地方は、薄曇りとなっています。
28日は、晴れ時々曇りで、多摩西部では夜のはじめ頃まで雨の降る所があるでしょ
う。
29日は、晴れで明け方から朝は曇りでしょう。伊豆諸島では、雨や雷雨となる所が
ある見込みです。

> Finished chain.
実行結果：東京の天気は、28日は晴れ時々曇りで、29日は晴れで明け方から朝は
曇りです。伊豆諸島では雨や雷雨が予想されます。
```

コードと結果について詳しく見ていきましょう。

● agent_1.py

```
004 chat = ChatOpenAI(
005     temperature=0,      ── temperatureを0に設定して出力の多様性を抑える
006     model="gpt-4"
007 )
```

6 Agents - 自律的に外部と干渉して言語モデルの限界を超える

4行目ではChatモデルを初期化しています。

5行目では言語モデルの出力の多様性を設定するパラメータであるtemperatureを設定しています。temperatureは0〜2の値を設定でき、数値が大きくなればなるほど返答の多様性が上がります。0に設定すると同じ入力なら同じ出力になります。デフォルト値の0.7ではAgentsモジュールを使うと稀に実行が失敗することがあり、確実に動作させるために0に設定しています。

● agent_1.py

```
009  tools = load_tools(────LangChainに用意されているToolを読み込む
010       [
011            "requests",
                      ── 特定のURLの結果を取得できるToolであるrequestsを読み込む
012       ]
013  )
```

9行目ではload_toolsで必要なToolを読み込んでいます。load_toolsはTool名を指定することでLangChainに用意されているToolを読み込めます。ここでは「requests」を設定し、特定のURLから情報を取得できるToolを読み込みます。読み込んだToolは配列としてtoolsに格納されます。

● agent_1.py

```
015  agent = initialize_agent(──Agentを初期化する
016       tools=tools,──Agentが使用することができるToolの配列を設定
017       llm=chat,──Agentが使用する言語モデルを指定
018       agent=AgentType.CHAT_ZERO_SHOT_REACT_DESCRIPTION,
                                  ──ReAct方式で動作するように設定する
019       verbose=True──実行途中のログを表示する
020  )
```

15行目ではinitialize_agent関数でAgentを初期化し、agent変数に格納しています。ここではinitialize_agentは以下のパラメータを受け取り、Agentを初期化しています。

・tools
　Agentで使用できるToolを配列で指定します。今回のコードではload_tools関数で読み込んだ「requests」のみを渡しています。

・llm

　llmにはAgentで使用する言語モデルを指定します。今回はchatに格納された
Chat modelsを指定します。

・agent

　agentはどのような方式でAgentを動かすかを設定します（205ページにて詳解）。

　使用する言語モデルはChat modelsとLLMsのどちらを使うか、ReAct手法かそ
れ以外の方法を使うかでさまざまな種類が用意されています。18行目ではReAct手
法でChat modelsを動かすことを表すAgentType.CHAT_ZERO_SHOT_REACT_
DESCRIPTIONを指定しています。

・verbose

　verboseをTrueに設定すると、AgentがToolをどのように使用するかなどの途中
経過を表示できます。Agentsモジュールでは与えられたタスクに対してどのよう
にToolが使われているかの確認は重要です。開発中はverboseをTrueに設定して
おきましょう。

● agent_1.py

```
022  result = agent.run("""以下のURLにアクセスして東京の天気を調べて日
     本語で答えてください。
023  https://www.jma.go.jp/bosai/forecast/data/overview_
     forecast/130000.json
024  """)
025
026  print(f"実行結果: {result}")
```

　22行目でAgentのrunメソッドに引数として達成させたいタスクを設定して実行
します。今回はhttps://www.jma.go.jp/bosai/forecast/data/overview_forecast/
130000.jsonの情報を取得することで東京の天気予報を調べるように指示しています。
　具体的なAgentの動作を理解するために、出力結果の詳細を見てみましょう。

```
> Entering new AgentExecutor chain...
```

　上の部分でAgentの実行が開始されたことを表しています。
　verboseをTrueに設定しているので、下のように処理途中のログが出力されます。

```
Question: How can I access the weather information for Tokyo?
Thought: I can use the `requests_get` tool to access the URL
provided and retrieve the weather information.
Action:
```
```
{
  "action": "requests_get",
  "action_input": "https://www.jma.go.jp/bosai/forecast/data/
overview_forecast/130000.json"
}
```

Observation: {"publishingOffice":"気象庁",
~~~省略~~~
"}
```

　ログの部分では、Agentがタスクを完遂するために、Toolをどのように使うかを思考しています。次に、Agentは指示を解析し、タスクを達成するためにToolを実行する必要があると判断し、Toolを実行しています。

```
{
  "action": "{Tool名}",
  "action_input": {Toolへの入力}
}
```

　上の部分でactionにTool名、action_inputにToolへの入力が表示されます。先ほどのログではrequests_get Toolを選択し、入力に"https://www.jma.go.jp/bosai/forecast/data/overview_forecast/130000.json"が設定されていることがわかります。
　最後にrequests_get Toolは指定したURLのHTMLを取得し、「Observation:」でAgentに結果が返されました。

```
Thought:The weather information for Tokyo is as follows:
```

東京地方は、薄曇りとなっています。
28日は、晴れ時々曇りで、多摩西部では夜のはじめ頃まで雨の降る所があるでしょう。
```

29日は、晴れで明け方から朝は曇りでしょう。伊豆諸島では、雨や雷雨となる所がある見込みです。

```
> Finished chain.
```
実行結果：東京の天気は、28日は晴れ時々曇りで、29日は晴れで明け方から朝は曇りです。伊豆諸島では雨や雷雨が予想されます。

　AgentはToolを用いて得られた結果が求めている答えと一致しているかを判断しており、その思考過程をThoughtとして出力しています。検証した結果達成できると判断されたので、その結果をFinal Answerとして出力します。

　最後に結果である「東京の天気は、28日は晴れ時々曇りで、29日は晴れで明け方から朝は曇りです。伊豆諸島では雨や雷雨が予想されます。」がprint文により出力され、処理は完了しました。

6

Agents - 自律的に外部と干渉して言語モデルの限界を超える

Point　Agentの種類について

Agentは Toolを活用して特定のタスクを達成します。Agentを操作する方法はさまざまなものがあり、それによってToolの操作方法も異なります。

・ AgentType.CHAT_ZERO_SHOT_REACT_DESCRIPTION
　会話形式でのやりとりを特徴とし、Chat modelsモジュールとReAct手法を使って動作するAgentです。
・ AgentType.ZERO_SHOT_REACT_DESCRIPTION
　LLMsモジュールの使用を前提とするAgentです。
・ AgentType.STRUCTURED_CHAT_ZERO_SHOT_REACT_DESCRIPTION
　複数の入力を持つToolを扱えるAgentです。

先ほどのサンプルコードではAgentType.CHAT_ZERO_SHOT_REACT_DESCRIPTIONを設定していました。種類が多くそれぞれの違いもわかりにくいので、続きのサンプルコードなどで詳しく学んでいきましょう。

#ファイルへ保存 ／ #検索

Toolを追加して
Agentができることを増やす

💬 インターネット検索
ツールを追加する

このセクションでは、ファイルの保存ができるToolとGoogle検索ができる
Toolを追加し、結果をファイルに保存する機能を追加してみましょう。

Agentができることは渡しているTool次第

前のセクションのコードでは、特定のURLにリクエストを送信できるToolのみを
用意してAgentを実行していましたが、ここではさらに、ファイル書き込みとイン
ターネット検索ができるToolを追加してみましょう。

今回は「SerpApi」というサービスを利用し、インターネットから情報を取得しま
す。SerpApiとはGoogleやその他の検索エンジンの検索結果をAPIから取得できる
サービスです。月100回までの利用は無料なので動作を確認するには十分だと思い
ます。以下のURLを開き、「Register」から会員登録をしてください。なお、メール
や電話番号での認証が必要です。

・SerpApi
https://serpapi.com/

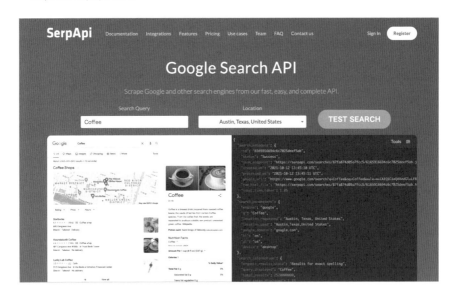

認証が済んだら [Subscribe] をクリックするとダッシュボードに遷移します。後の手順で使用するので表示されたAPIキーを保存しておきましょう。

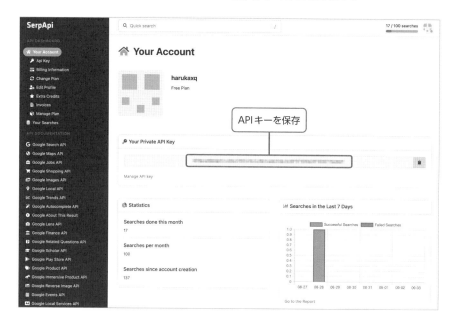

環境変数にSerpApiのAPIキーを設定する

APIキーの設定と同様に、接続情報を環境変数に設定することは、セキュリティを確保しながらプログラムに機密情報を提供する一般的な方法です。ここでは、SerpApiのAPIキーを環境変数に設定する方法を説明します。

以下の手順で、SERPAPI_API_KEYという環境変数を設定しプログラムから利用できます。

Windowsの場合

165ページでREDIS_URLを設定したときと同様に、PowerShellと [System.Environment]::SetEnvironmentVariable コマンドを使用します。

以下のコマンドを実行してください。ここで'abcdefg1234567'の部分は、取得したSerpApiのAPIキーに置き換えてください。

```
[System.Environment]::SetEnvironmentVariable('SERPAPI_API_
KEY', 'abcdefg1234567', 'User')
```

6

Agents － 自律的に外部と干渉して言語モデルの限界を超える

上記のコマンドを実行しただけでは、設定はすぐには反映されません。PowerShell を一度終了し、再度開いて以下のコマンドを実行してください。設定した SERPAPI_ API_KEY が表示されれば、設定は成功です。

```
echo $env:SERPAPI_API_KEY
```

macOSの場合
1. [アプリケーション] フォルダの [ユーティリティ] にある [ターミナル] アプリを 起動します。
2. 以下のコマンドを実行して、SERPAPI_API_KEY 環境変数を .zshrc ファイルに追 加します。{APIキー}の部分は、実際の API キーに置き換えてください。

```
echo 'export SERPAPI_API_KEY="{APIキー}"' >> ~/.zshrc
```

たとえば「abcdefg1234567」が取得した API キーなら以下のようになります。

```
echo 'export SERPAPI_API_KEY="abcdefg1234567"' >> ~/.zshrc
```

3. .zshrc ファイルに変更を適用するために、以下のコマンドを実行して、zsh シェ ルを再読み込みします。

```
source ~/.zshrc
```

4. 正しく環境変数が設定されているか確認します。以下のコマンドを実行して設定 した API キーと環境が表示されれば設定完了です。

```
echo $SERPAPI_API_KEY
```

以上で SERPAPI_API_KEY の設定は完了です。

google-search-resultsをインストールする

SerpApi で Google 検索を行うためには Python パッケージの「google-search- results」が必要です。以下のコマンドを実行してインストールしましょう。

```
python3 -m pip install google-search-results==2.4.2
```

　完了したら「agent_1.py」を「agent_2.py」というファイル名でコピーし以下のように編集します。

● **agent_2.py**

```
001  from langchain.agents import AgentType, initialize_agent,
     load_tools          load_toolsをインポート
002  from langchain.chat_models import ChatOpenAI
003  from langchain.tools.file_management import WriteFileTool
                      ファイル書き込みできるToolをインポート
004
005  chat = ChatOpenAI(
006      temperature=0,
007      model="gpt-4"
008  )
009
010  tools = load_tools(
011      [
012          "requests_get",
013          "serpapi"       serpapiを追加
014      ],
015      llm=chat
016  )
017
018  tools.append(WriteFileTool(        ファイル書き込みできるToolを追加
019      root_dir="./"
020  ))
021
022  agent = initialize_agent(
023      tools,
024      chat,
025      agent=AgentType.STRUCTURED_CHAT_ZERO_SHOT_REACT_
     DESCRIPTION,        Agentのタイプを変更
026      verbose=True
027  )
028
029  result = agent.run("北海道の名産品を調べて日本語でresult.txtとい
     うファイルに保存してください。")        実行結果をファイルに保存するように指示
```

6

Agents - 自律的に外部と干渉して言語モデルの限界を超える

209

```
030
031 print(f"実行結果: {result}")
```

保存が完了したら VS Code のターミナルで以下のコマンドを実行してください。

```
python3 agent_2.py
```

すると以下のような結果が出力されます。

```
> Entering new AgentExecutor chain...
Action:
```
{
  "action": "Search",
  "action_input": "北海道の名産品"
}
```

Observation: 北海道には、鮭やホタテ、昆布などの海産物、牛肉や乳製品、
じゃがいもなどの農産物ともに、日本国内トップクラスの生産量を誇る特産品がた
くさんあります ...
Thought:I will use the Search tool to find information about
specialty products in Hokkaido and save the results in a file
named "result.txt" in Japanese.

Action:
```
{
  "action": "Search",
  "action_input": "北海道の名産品"
}
```

Observation: 北海道には、鮭やホタテ、昆布などの海産物、牛肉や乳製品、
じゃがいもなどの農産物ともに、日本国内トップクラスの生産量を誇る特産品がた
くさんあります ...
Thought:I will use the write_file tool to save the information
about specialty products in Hokkaido in a file named "result.
txt" in Japanese.

Action:
```

```
```
{
  "action": "write_file",
  "action_input": {
    "file_path": "result.txt",
     "text": "北海道には、鮭やホタテ、昆布などの海産物、牛肉や乳製品、
じゃがいもなどの農産物ともに、日本国内トップクラスの生産量を誇る特産品がた
くさんあります。"
   }
}
```
```

Observation: File written successfully to result.txt.
Thought:I have successfully saved the information about
specialty products in Hokkaido in a file named "result.txt" in
Japanese. Is there anything else I can help you with?

> Finished chain.
実行結果: I have successfully saved the information about
specialty products in Hokkaido in a file named "result.txt" in
Japanese. Is there anything else I can help you with?

また、「result.txt」というファイルには以下のように結果が保存されています。な
お、結果についてはこの通りにならない場合や英語になる場合があります。

北海道には、鮭やホタテ、昆布などの海産物、牛肉や乳製品、じゃがいもなどの農
産物ともに、日本国内トップクラスの生産量を誇る特産品がたくさんあります。

コードと結果について詳しく見ていきましょう。

● agent_2.py

```
003  from langchain.tools.file_management import WriteFileTool
```
ファイル書き込みできるToolをインポート

　3行目ではWriteFileToolというファイル書き込みができるToolをインポートして
います。このToolは指定したパスにテキストファイルを作成し、指定したテキスト
を書き込む機能を持っています。

6

Agents － 自律的に外部と干渉して言語モデルの限界を超える

211

● agent_2.py

```
010 tools = load_tools(
011     [
012         "requests_get",
013         "serpapi"──serpapiを追加
014     ],
015     llm=chat
016 )
```

13行目ではserpapiを追加することで、SerpApiのToolを読み込むように設定しています。

● agent_2.py

```
018 tools.append(WriteFileTool(──ファイル書き込みできるToolを追加
019     root_dir="./"
020 ))
```

18行目でWriteFileToolを初期化してToolを配列に追加しています。また、root_dir="./"とすることで、作成するファイルのルートディレクトリを現在のディレクトリに設定します。

load_tools関数ではすべてのToolを取得できるわけではなく、一部のToolはWriteFileToolのようにパラメータに設定を加えて初期化する必要があります。toolsは配列なので、appendメソッドでToolを追加しています。

● agent_2.py

```
022 agent = initialize_agent(
023     tools,
024     chat,
025     agent=AgentType.STRUCTURED_CHAT_ZERO_SHOT_REACT_
        DESCRIPTION,──Agentのタイプを変更
026     verbose=True
027 )
```

続いて25行目では、AgentTypeがSTRUCTURED_CHAT_ZERO_SHOT_REACT_DESCRIPTIONに変更されています。Toolには単一の入力で動作するもの、複数の入力が必要なものの2種類があります。CHAT_ZERO_SHOT_REACT_DESCRIPTIONは単

一の入力のToolしか扱うことはできません。WriteFileToolは複数の入力を必要とするので、これに対応したSTRUCTURED_CHAT_ZERO_SHOT_REACT_DESCRIPTIONに変更しています。

● agent_2.py

```
029 result = agent.run("北海道の名産品を調べて結果をresult.txtという
    ファイルに保存してください。")──実行結果をファイルに保存するように指示
030
031 print(f"実行結果: {result}")
```

最後に29行目でAgentに指示を与えて呼び出しています。
では出力結果を見ていきましょう。

```
> Entering new AgentExecutor chain...
Action:
```
{
  "action": "Search",──Search Toolを選択
  "action_input": "北海道の名産品"──検索するキーワードを指定
}
```
Observation: 北海道には、鮭やホタテ、昆布などの海産物、牛肉や乳製品、
じゃがいもなどの農産物ともに、日本国内トップクラスの生産量を誇る特産品がた
くさんあります ...
```

まず、Agentは「北海道の名産品」を調べるためにSearch Toolを選択しています。
指定したキーワードでインターネット検索を行い、その結果をAgentに返します。

```
Thought:I will use the write_file tool to save the information
about specialty products in Hokkaido in a file named "result.
txt" in Japanese.

Action:
```
{
  "action": "write_file",──write_file Toolを選択
  "action_input": {
```

6
Agents – 自律的に外部と干渉して言語モデルの限界を超える

213
```

```
    "file_path": "result.txt", ── ファイル名
    "text": "北海道には、鮭やホタテ、昆布などの海産物、牛肉や乳製品、
じゃがいもなどの農産物ともに、日本国内トップクラスの生産量を誇る特産品がた
くさんあります。" ── ファイルの内容
  }
}
```

　次に、Agentは検索結果を「result.txt」という名前のファイルに保存するために
write_file Toolを選択しています。action_inputにはfile_pathにファイル名、textに
ファイルの内容を渡しています。

```
Observation: File written successfully to result.txt.
Thought:I have successfully saved the information about
specialty products in Hokkaido in a file named "result.txt" in
Japanese. Is there anything else I can help you with?

> Finished chain.
実行結果: I have successfully saved the information about
specialty products in Hokkaido in a file named "result.txt" in
Japanese. Is there anything else I can help you with?
```

　Agentはファイル書き込みの成功を確認しています。最後に書き込みが完了したと
英語で応答が表示されています。
　Agentはどのツールを実行するべきかなどの思考を英語で行います。その過程で返
答が英語になってしまうことがあります。作成するアプリケーションでの返答が必ず
日本語である必要がある場合は、さらに別の言語モデル呼び出しを行い返答を翻訳し
ましょう。

Point　ReAct 手法と OpenAI Function Calling

これまで紹介してきた Agent は、すべて ReAct 手法を使用していました。しかし、Agent を動作させるための方法は ReAct 以外にも存在します。たとえば、「OpenAI Function Calling」を使った方法があります。この機能は、2023 年 6 月 13 日に OpenAI によって GPT-3.5 と GPT-4 に追加されました。これは、Python などで実装されたプログラムと GPT を直接連動できる機能です。具体的には、ユーザーの質問や要求を GPT に伝え、その結果をもとに実装された処理を実行できます。Agents モジュールではこの GPT の機能を使って Agent を動作させることも可能です。

Agent を「OpenAI Function Calling」を使用して動作させるには、agent パラメータに AgentType.OPENAI_MULTI_FUNCTIONS または AgentType.OPENAI_FUNCTIONS を設定します。

```
agent = initialize_agent(
    tools,
    chat,
    agent=AgentType.OPENAI_MULTI_FUNCTIONS,
                    ── Agentのタイプを OpenAI Function Callingに
    verbose=True
)
```

・AgentType.OPENAI_MULTI_FUNCTIONS
　複数の入力を持った Tool を扱え、AgentType.STRUCTURED_CHAT_ZERO_SHOT_REACT_DESCRIPTION と差し替え可能です。

・AgentType.OPENAI_FUNCTIONS
　単一の入力を持った Tool のみを扱え、AgentType.CHAT_ZERO_SHOT_REACT_DESCRIPTION と差し替え可能です。

ReAct 手法は言語モデル単体でできないことをどのように実現するかという研究によって生まれた手法です。一方、「OpenAI Function Calling」は OpenAI が GPT-3.5 と GPT-4 に実装した機能なのでこれらの言語モデル以外では利用できません。GPT の言語モデルを使って Agent がうまく動作しない場合は AgentType.OPENAI_MULTI_FUNCTIONS に差し替えてみるとうまく動作するケースもあります。

#Toolを作成する ／ #機能拡張

Toolを自作して
機能を拡張する

**LangChainにない
機能を実装できる**

今まではAgentsモジュールですでに用意されたToolを使用していました。この
セクションではToolを自作し、Agentができることを増やす方法を学びましょう。

Toolを自作して、できることの幅をさらに広げる

Agentモジュールでは、ユーザー自身が簡単にToolを作成できます。これにより、
既存のサービスやシステムとの連携がスムーズに行えます。

ここではToolを自作する前に、AgentがToolを選択する仕組みを見てみましょう。
まずToolは以下の3つの要素で構成されています。LangChainに備わるToolも基本
的にこの形式で設定されています。

・名前: Toolを識別するための名前。例:「Calculator」「requests_get」
・機能説明: Toolが何をするのかの簡単な説明。AgentがToolの使い道を判断する
　材料
・実行関数: 実際にToolが動作するときの処理

具体的に見てみましょう。まず下のコードがToolの基本の型です。

● tool_sample.py
```
Tool(
    name="名前",
    description="機能説明",
    func=実行関数
)
```

たとえば、「agent_1.py」で使ったrequests_get Toolは以下のように設定されて
います。

● tool_sample.py
```
Tool(
    name="requests_get",
```

```
    description="A portal to the internet. Use this when you
need to get specific content from a website. Input should be a
url (i.e. https://www.google.com). The output will be the text
response of the GET request.",
    func={URLにリクエストを送信し、結果を取得するための処理}
)
```

　機能説明であるdescriptionには「Webサイトから特定のコンテンツを取得する際に使用」と記載されています。Agentはタスクを受け取ると、適切なToolを選ぶために、まずこの機能説明を確認します。そしてfuncには、「URLへリクエストを送信し、結果を取得する処理」がPythonで実装されています。AgentがURLへリクエストを送信する必要があると判断した場合、この機能説明をもとにToolを選び、funcに記述されたPythonコードを実行して、言語モデルだけではできないタスクを達成します。

　このような仕組みで、上記のような「名前」、「機能説明」、「実行関数」を用意するだけで簡単にToolを自作できます。

　実際に先ほどのコードをもとに特定の数値以上のランダムな数を生成するToolを追加してみましょう。

　「agent_2.py」を「agent_3.py」というファイル名でコピーし以下のように編集します。

● agent_3.py

```
001 import random ── ランダムな数字を生成するために必要なモジュールをインポート
002 from langchain.agents import AgentType, Tool, initialize_
    agent ── Toolをインポート
003 from langchain.chat_models import ChatOpenAI
004 from langchain.tools import WriteFileTool
005
006 chat = ChatOpenAI(
007     temperature=0,
008     model="gpt-4"
009 )
010
011 tools = [] ── 他のツールは不要なので一旦削除する
012
013 tools.append(WriteFileTool(
014     root_dir="./"
015 ))
```

6

Agents - 自律的に外部と干渉して言語モデルの限界を超える

217

```
016
017  def min_limit_random_number(min_number):
```
── 最小値を指定できるランダムな数字を生成する関数
```
018      return random.randint(int(min_number), 100000)
019
020
021  tools.append(
```
── Toolを追加
```
022      Tool(
023          name="Random",
```
── Tool名
```
024          description="特定の最小値以上のランダムな数字を生成するこ
     とができます。",
```
── Toolの説明
```
025          func=min_limit_random_number
```
── Toolが実行されたときに呼び出される関数
```
026      )
027  )
028
029  agent = initialize_agent(
030      tools,
031      chat,
032      agent=AgentType.STRUCTURED_CHAT_ZERO_SHOT_REACT_
     DESCRIPTION,
033      verbose=True
034  )
035
036  result = agent.run("10以上のランダムな数字を生成してrandom.txtと
     いうファイルに保存してください。")
037
038  print(f"実行結果: {result}")
```

保存が完了したらVS Codeで以下のコマンドを実行してください。

```
python3 agent_3.py
```

すると以下のような出力が表示されます。

```
> Entering new AgentExecutor chain...
Action:
```
```
```

```
{
  "action": "Random",
  "action_input": "10"
}
```

Observation: 71116
Thought:I will use the `Random` tool to generate a random number above 10 and then save it to a file called "random. txt".

Action:
```
{
  "action": "Random",
  "action_input": "10"
}
```

Observation: 73572
Thought:I have generated a random number above 10. Now I will save it to a file called "random.txt".

Action:
```
{
  "action": "write_file",
  "action_input": {
    "file_path": "random.txt",
    "text": "73572"
  }
}
```

Observation: File written successfully to random.txt.
Thought:I have generated a random number above 10 and saved it to a file called "random.txt". Is there anything else I can help you with?

> Finished chain.
I have generated a random number above 10 and saved it to a file called "random.txt". Is there anything else I can help you with?

コードの変更点を見ていきましょう。

● **agent_3.py**

```
001 import random──── ランダムな数字を生成するために必要なモジュールをインポート

002 from langchain.agents import AgentType, Tool, initialize_
    agent── Toolをインポート
```

1行目では、ランダムな数を生成するためのrandomモジュールをインポートして
います。
　そして2行目では、自作Toolを定義するためのToolをインポートします。

● **agent_3.py**

```
017 def min_limit_random_number(min_number):
                ──── 最小値を指定できるランダムな数字を生成する関数

018     return random.randint(int(min_number), 100000)
```

17行目では、指定した最小値と100,000の間でランダムな整数を生成できる、
min_limit_random_number関数を定義します。

● **agent_3.py**

```
021 tools.append(── Toolを追加
022     Tool(
023         name="Random",── Tool名
024         description="特定の最小値以上のランダムな数字を生成するこ
    とができます。",── Toolの説明
025         func=min_limit_random_number
                    ──── Toolが実行されたときに呼び出される関数
026     )
027 )
```

21行目では自作のToolをtools配列に追加しています。ここでは、Randomとい
う特定の最小値以上のランダムな数字を生成できるToolであると定義しています。
descriptionにはToolの説明、funcにはToolの実際の処理であるmin_limit_random_
number関数が設定されています。

● **agent_3.py**

```
036  result = agent.run("10以上のランダムな数字を生成してrandom.txtと
     いうファイルに保存してください。")
037
038  print(f"実行結果: {result}")
```

36行目では、Agentを呼び出し、結果を38行目で表示しています。
それでは出力結果を見ていきましょう。

```
> Entering new AgentExecutor chain...
Action:
{
  "action": "Random",
  "action_input": "10"
}
Observation: 71116
```

　まず上の部分で、Agentは10以上のランダムな数を生成するためにRandom Tool
を選択します。このToolは指定した最小値と100,000の間でランダムな整数を生成
し、その結果をAgentに返します。

```
Thought:I will use the `Random` tool to generate a random
number above 10 and then save it to a file called "random.
txt".
Action:
{
  "action": "Random",━━ Random Toolを選択
  "action_input": "10"
}
Observation: 73572
Thought:I have generated a random number above 10. Now I will
save it to a file called "random.txt".

Action:
{
  "action": "write_file",━━ write_file Toolを選択
  "action_input": {
    "file_path": "random.txt",━━ 保存するファイル名を指定
```

```
    "text": "73572"
  }
}
```

　次に、Agentは生成したランダムな数を「random.txt」という名前のファイルに保
存するためにwrite_file Toolを選択します。AgentはToolに実行する内容を指示し、
その結果を待ちます。

```
Observation: File written successfully to random.txt.
Thought:I have successfully saved the results of the search
for Hokkaido's specialty products in a file called "random.
txt". Is there anything else I can help you with?
```

```
> Finished chain.
I have successfully saved the results of the search for
Hokkaido's specialty products in a file called "random.txt".
Is there anything else I can help you with?
```

　最後に、Agentはファイル書き込みの成功を確認し、その結果を最終的な応答とし
て出力します。
　このように、Toolを自作することで、LangChainに用意されていない機能を
Agentに追加できます。

#Retrievers ／ #文章を検索できるTool

Retrieversを使って文章を
検索できるToolを作成する

Retrieversを
Toolに変換する

このセクションではRetrieversをToolに変換し、Agentから使用する方法を学びましょう。

RetrieversはToolに変換できる

　Agentでは自律的にどのToolを使うか判断し、Toolを使ってタスクを達成します。たとえば135ページではWikipediaRetrieverを使ってWikipediaから記事を検索し、回答する機能を作成しましたが、LangChainではこのRetrieversをToolに変換し、Agentから利用できます。本章のセクション2で紹介したSerpApiはGoogleからの検索です。Retrieversを使うことでWikipediaや構築したベクトルデータベースからも検索できるようになります。このセクションでは実際にRetrieversをTool化する方法を学びましょう。

　前のセクションで作成した「agent_3.py」を「agent_4.py」というファイル名でコピーし以下のように編集します。

● agent_4.py

```
001  from langchain.agents import AgentType, Tool, initialize_
     agent
002  from langchain.agents.agent_toolkits import
     create_retriever_tool────create_retriever_toolをインポート
003  from langchain.chat_models import ChatOpenAI
004  from langchain.retrievers import WikipediaRetriever
                        ────WikipediaRetrieverをインポート
005  from langchain.tools import WriteFileTool
006
007  chat = ChatOpenAI(
008      temperature=0,
009      model="gpt-4"
010  )
011
012  tools = []
013
014  tools.append(WriteFileTool(
```

6

223

```python
015     root_dir="./"
016 ))
017
018 retriever = WikipediaRetriever(          # WikipediaRetrieverを初期化
019     lang="ja",                           # 言語を日本語に設定
020     doc_content_chars_max=500,           # 記事の最大文字数を500文字に設定
021     top_k_results=1                      # 検索結果の上位1件を取得
022 )
023
024 tools.append(
025     create_retriever_tool(               # Retrieversを使用するToolを作成
026         name="WikipediaRetriever",       # Toolの名前
027         description="受け取った単語に関するWikipediaの記事を取得
    できる",                                 # Toolの説明
028         retriever=retriever,             # Retrieversを指定
029     )
030 )
031
032 agent = initialize_agent(
033     tools,
034     chat,
035     agent=AgentType.STRUCTURED_CHAT_ZERO_SHOT_REACT_
    DESCRIPTION,
036     verbose=True
037 )
038
039 result = agent.run("スコッチウイスキーについてWikipediaで調べて概
    要を日本語でresult.txtというファイルに保存してください。")
040
041 print(f"実行結果: {result}")
```

入力が完了したらVS Codeのターミナルで以下のコマンドを実行してください。

```
python3 agent_04.py
```

すると以下のような結果が出力されます。

```
> Entering new AgentExecutor chain...
```

```
Action:
```
```
{
  "action": "WikipediaRetriever",
  "action_input": "スコッチウイスキー"
}
```

Observation: [Document(page_content='スコッチ・ウイスキー（英語：
Scotch whisky）は、イギリスのスコットランドで製造されるウイスキー。~~~
省略~~~', 'source': 'https://ja.wikipedia.org/wiki/%E3%82%B9%E3
%82%B3%E3%83%83%E3%83%81%E3%83%BB%E3%82%A6%E3%82%A4%E3%82%B9%E
3%82%AD%E3%83%BC'})]
Thought:I have retrieved the summary of Scotch whisky from
Wikipedia in Japanese. Now I will save it to a file named
"result.txt".

```
Action:
```
```
{
  "action": "write_file",
  "action_input": {
    "file_path": "result.txt",
    "text": "スコッチ・ウイスキー（英語：Scotch whisky）は、イギリスの
スコットランドで製造されるウイスキー。日本では世界5大ウイスキーの1つに数え
られる。現在のイギリスでは後述の通り2009年スコッチ・ウイスキー規則により定
義され、糖化から発酵、蒸留、熟成までスコットランドで行われたウィスキーのみ
がスコッチ・ウィスキーと呼ばれる。麦芽を乾燥させる際に燃焼させる泥炭（ピー
ト）に由来する独特の煙のような香り（スモーキーフレーバーと呼ぶ）が特徴で、
その香りの強さは銘柄によりまちまちである 。ウイスキーはイギリスにとって主
要な輸出品目の一つであり、その輸出規模は約200ヶ国、日本円にして6000億円
（注：以下で取り上げられる値に関して。2009年のポンド−円の 為替相場は、1ポ
ンド=約146円）。ウィスキーの全生産量のうち、スコッチ・ウイスキーは約7割を
占める。"
  }
}
```

Observation: File written successfully to result.txt.
Thought:I have saved the summary of Scotch whisky from
Wikipedia in Japanese to a file named "result.txt".
```
```

```
> Finished chain.
実行結果: I have saved the summary of Scotch whisky from
Wikipedia in Japanese to a file named "result.txt".
```

それではコードの変更点を詳しく見ていきましょう。

● agent_4.py

```
002  from langchain.agents.agent_toolkits import
     create_retriever_tool ── create_retriever_toolをインポート
     ~~~省略~~~
004  from langchain.retrievers import WikipediaRetriever
                        ── WikipediaRetrieverをインポート
     ~~~省略~~~

018  retriever = WikipediaRetriever( ── WikipediaRetrieverを初期化
019      lang="ja", ── 言語を日本語に設定
020      doc_content_chars_max=500, ── 記事の最大文字数を500文字に設定
021      top_k_results=1 ── 検索結果の上位1件を取得
022  )
023
024  tools.append(
025      create_retriever_tool( ── Retrieversを使用するToolを作成
026          name="WikipediaRetriever", ── Toolの名前
027          description="受け取った単語に関するWikipediaの記事を取得
     できる", ── Toolの説明
028          retriever=retriever, ── Retrieversを指定
029      )
030  )
```

2行目ではRetrieversからToolを作成できるcreate_retriever_toolのインポートを追加しています。

そして4行目ではWikipediaRetrieverをインポートし、18行目で初期化し、Tool化する準備をしています。

また、25行目ではcreate_retriever_tool関数を実行し、Tool化を行っています。nameにはToolの名前、descriptionにはToolの説明、retrieverにはTool化したいRetrieversを設定します。

以上で、RetrieversをToolに変換できました。

● agent_4.py

```
039  result = agent.run("スコッチウイスキーについてWikipediaで調べて概
     要を日本語でresult.txtというファイルに保存してください。")
040
041  print(f"実行結果: {result}")
```

41行目でWikipediaから検索し、ファイルに保存するように命令しています。
それでは出力結果について詳しく見ていきましょう。

```
Action:
```
{
  "action": "WikipediaRetriever",——Toolを指定
  "action_input": "スコッチウイスキー"——検索キーワードを指定
}
```

Observation: [Document(page_content='スコッチ・ウイスキー（英語：
Scotch whisky）は、イギリスのスコットランドで製造されるウイスキー。～～～
省略～～～', 'source': 'https://ja.wikipedia.org/wiki/%E3%82%B9%E3
%82%B3%E3%83%83%E3%83%81%E3%83%BB%E3%82%A6%E3%82%A4%E3%82%B9%E
3%82%AD%E3%83%BC'})]
```

ToolとしてWikipediaRetrieverが使用され、「スコッチウイスキー」で検索されて
います。結果として137ページで紹介したDocumentの配列が取得できたことがわ
かります。

```
Thought:I have retrieved the summary of Scotch whisky from
Wikipedia in Japanese. Now I will save it to a file named
"result.txt".

Action:
```
{
  "action": "write_file",——write_file Toolで処理を実行
  "action_input": {
    "file_path": "result.txt",
```
```

```
      "text": "スコッチ・ウイスキー（英語：Scotch whisky）は、イギリス
 のスコットランドで製造されるウイスキー。日本では世界5大ウイスキーの1つに数
 えられる。現在のイギリスでは後述の通り2009年スコッチ・ウイスキー規則によ
 り定義され、糖化から発酵、蒸留、熟成までスコットランドで行われたウィスキー
 のみがスコッチ・ウィスキーと呼ばれる。麦芽を乾燥させる際に燃焼させる泥炭
 （ピート）に由来する独特の煙のような香り（スモーキーフレーバーと呼ぶ）が特
 徴で、その香りの強さは銘柄によりまちまちである。ウイスキーはイギリスにとっ
 て主要な輸出品目の一つであり、その輸出規模は約200ヶ国、日本円にして6000億
 円（注：以下で取り上げられる値に関して。2009年のポンド-円の為替相場は、1
 ポンド=約146円）。ウィスキーの全生産量のうち、スコッチ・ウイスキーは約7割
 を占める。"
    }
 }
 ```
```

```
Observation: File written successfully to result.txt.
Thought:I have saved the summary of Scotch whisky from
Wikipedia in Japanese to a file named "result.txt".
```

```
> Finished chain.
実行結果: I have saved the summary of Scotch whisky from
Wikipedia in Japanese to a file named "result.txt".
```

　次に前のステップでの結果をファイルに保存する必要があると判断し、write_file
ツールを使用してその通りに処理を行い、処理が完了しているのがわかります。

　以上でRetrieversをToolに変換し、Agentから使用できました。次のセクション
ではMemoryモジュールと組み合わせる方法について学びましょう。
```

#Memoryモジュール ／ #文脈に応じた返答

section 05

文脈に応じた返答ができる Agentを作成する

自律的に動く
Agentを作成する

このセクションではMemoryモジュールとAgentsモジュールを組み合わせて
文脈に応じた返答ができるAgentを作成してみましょう。

会話履歴を保持したAgentを作成する

前のセクションで作成したアプリケーションを、第4章で紹介したMemoryモ
ジュールと組み合わせることで、対話形式のやりとりができるようにしてみましょう。
「agent_4.py」を「agent_5.py」というファイル名でコピーし以下のように編集します。

● agent_5.py

```
001 from langchain.agents import AgentType, initialize_agent
002 from langchain.agents.agent_toolkits import
    create_retriever_tool
003 from langchain.chat_models import ChatOpenAI
004 from langchain.memory import ConversationBufferMemory
005 from langchain.retrievers import WikipediaRetriever
006
007 chat = ChatOpenAI(
008     temperature=0,
009     model="gpt-4"
010 )
011
012 tools = []
013
014 # WriteFileToolを削除
015
016 retriever = WikipediaRetriever(
017     lang="ja",
018     doc_content_chars_max=500,
019     top_k_results=1
020 )
021
022 tools.append(
```

004行目：ConversationBufferMemoryをインポート

6

Agents － 自律的に外部と干渉して言語モデルの限界を超える

229

```
023        create_retriever_tool( ── Retrieversを使用するToolを作成
024            name="WikipediaRetriever", ── Toolの名前
025            description="受け取った単語に関するWikipediaの記事を取得
        できる", ── Toolの説明
026            retriever=retriever, ── Retrieversを指定
027        )
028 )
029
030 memory = ConversationBufferMemory(
                        ── ConversationBufferMemoryを初期化
031        memory_key="chat_history", ── メモリのキーを設定
032        return_messages=True ── メッセージを返すように設定
033 )
034
035 agent = initialize_agent(
036        tools,
037        chat,
038        agent=AgentType.CHAT_CONVERSATIONAL_REACT_DESCRIPTION,
                        ── Agentのタイプを対話できるように変更
039        memory=memory, ── Memoryを指定
040        verbose=True
041 )
042
043 result = agent.run("スコッチウイスキーについてWikipediaで調べて日
    本語で概要をまとめてください。") ── Wikipediaで調べるように指示
044 print(f"1回目の実行結果: {result}") ── 実行結果を表示
045 result_2 = agent.run("以前の指示をもう一度実行してください。")
                        ── 以前の指示をもう一度実行するように指示
046 print(f"2回目の実行結果: {result_2}") ── 実行結果を表示
```

入力が完了したらVS Codeで以下のコマンドで実行してください。

```
python3 agent_5.py
```

すると以下のように出力されます。

```
> Entering new AgentExecutor chain...
{
    "action": "WikipediaRetriever",
```

```
    "action_input": "スコッチウイスキー"
}
Observation: [Document(~~~省略~~~)]
Thought:{
    "action": "Final Answer",
    "action_input": "スコッチ・ウイスキーは、イギリスのスコットランド
で製造されるウイスキーであり、日本では世界5大ウイスキーの1つとされていま
す。スコッチ・ウイスキーは、2009年のスコッチ・ウイスキー規則により定義さ
れ、糖化から発酵、蒸留、熟成までスコットランドで行われたウイスキーのみがス
コッチ・ウイスキーと呼ばれます。スコッチ・ウイスキーは麦芽を乾燥させる際に
燃焼させる泥炭（ピート）に由来する独特の煙のような香り（スモーキーフレー
バー）が特徴で、その香りの強さは銘柄によって異なります。ウイスキーの全生産
量のうち、スコッチ・ウイスキーは約7割を占めています。"
}
```

> Finished chain.
1回目の実行結果: スコッチ・ウイスキーは、イギリスのスコットランドで製造さ
れるウイスキーであり、日本では世界5大ウイスキーの1つとされています。スコッ
チ・ウイスキーは、2009年のスコッチ・ウイスキー規則により定義され、糖化か
ら発酵、蒸留、熟成までスコットランドで行われたウイスキーのみがスコッチ・ウ
イスキーと呼ばれます。スコッチ・ウイスキーは麦芽を乾燥させる際に燃焼させる
泥炭（ピート）に由来する独特の煙のような香り（スモーキーフレーバー）が特徴
で、その香りの強さは銘柄によって異なります。ウイスキーの全生産量のうち、ス
コッチ・ウイスキーは約7割を占めています。

> Entering new AgentExecutor chain...
```
{
    "action": "WikipediaRetriever",
    "action_input": "スコッチウイスキー"
}
Observation: [Document(~~~省略~~~)]
Thought:{
    "action": "Final Answer",
    "action_input": "スコッチ・ウイスキーは、イギリスのスコットランド
で製造されるウイスキーであり、日本では世界5大ウイスキーの1つに数えられま
す。スコッチ・ウイスキーは、2009年のスコッチ・ウイスキー規則により定義さ
れ、糖化から発酵、蒸留、熟成までスコットランドで行われたウイスキーのみがス
コッチ・ウイスキーと呼ばれます。麦芽を乾燥させる際に燃焼させる泥炭（ピー
ト）に由来する独特の煙のような香り（スモーキーフレーバー）が特徴で、その香
りの強さは銘柄によって異なります。ウイスキーの全生産量のうち、スコッチ・ウ
イスキーは約7割を占めています。"
```

```
}
```

```
> Finished chain.
```
2回目の実行結果：スコッチ・ウイスキーは、イギリスのスコットランドで製造される
るウイスキーであり、日本では世界5大ウイスキーの1つに数えられます。スコッ
チ・ウイスキーは、2009年のスコッチ・ウイスキー規則により定義され、糖化か
ら発酵、蒸留、熟成までスコットランドで行われたウイスキーのみがスコッチ・ウ
イスキーと呼ばれます。麦芽を乾燥させる際に燃焼させる泥炭（ピート）に由来す
る独特の煙のような香り（スモーキーフレーバー）が特徴で、その香りの強さは銘
柄によって異なります。ウイスキーの全生産量のうち、スコッチ・ウイスキーは約
7割を占めています。

コードの変更点を見ていきましょう。

● agent_5.py

```
004   from langchain.memory import ConversationBufferMemory
                              ── ConversationBufferMemoryをインポート
```

4行目では154ページで紹介した、言語モデルに記憶を持たせるConversation
BufferMemoryをインポートしています。

● agent_5.py

```
014  # WriteFileToolを削除
```

執筆時点ではAgentsモジュールをMemoryモジュールと組み合わせて使うため
に は AgentType.CHAT_CONVERSATIONAL_REACT_DESCRIPTIONを 使 用 す る
必要があります。この方式は複数の入力を持ったToolを使用できず、実行時にエ
ラーが発生してしまいます。そのため、14行目では複数の入力を持ったToolである
WriteFileToolを削除しています。

● agent_5.py

```
030   memory = ConversationBufferMemory(
                              ── ConversationBufferMemoryを初期化
031       memory_key="chat_history",── メモリのキーを設定
032       return_messages=True── メッセージを返すように設定
033   )
```

30行目ではConversationBufferMemoryを初期化して、Agentと組み合わせて使用するための準備をしています。

● agent_5.py

```
035  agent = initialize_agent(
036      tools,
037      chat,
038      agent=AgentType.CHAT_CONVERSATIONAL_REACT_DESCRIPTION,
```
——— Agentのタイプを対話できるように変更
```
039      memory=memory,  Memoryを指定
040      verbose=True
041  )
```

続いて38行目では、agentをAgentType.CHAT_CONVERSATIONAL_REACT_DESCRIPTIONに変更し、対話形式のAgentを実行できるようにしています。

また、39行目はAgentの会話履歴を保存するのに使用するMemoryモジュールを指定しています。

● agent_5.py

```
043  result = agent.run("スコッチウイスキーについてWikipediaで調べて日本語で概要をまとめてください。")  Wikipediaで調べるように指示
044  print(f"1回目の実行結果: {result}")  実行結果を表示
045  result_2 = agent.run("以前の指示をもう一度実行してください。")
```
——— 以前の指示をもう一度実行するように指示
```
046  print(f"2回目の実行結果: {result_2}")  実行結果を表示
```

43行目ではAgentを実行し、45行目では以前と同じ指示を実行するように命令しています。2回目の実行では具体的な指示はしていませんが、Memoryモジュールを合わせて使うことで会話履歴をもとに指示を実行できています。

続いて実行結果を見ていきましょう。

```
> Entering new AgentExecutor chain...
{
    "action": "WikipediaRetriever",
    "action_input": "スコッチウイスキー"
}
Observation: [Document(~~~省略~~~)]
Thought:{
```

6

Agents － 自律的に外部と干渉して言語モデルの限界を超える

```
    "action": "Final Answer",
    "action_input": "スコッチ・ウイスキーは、イギリスのスコットランド
で製造されるウイスキーであり、日本では世界5大ウイスキーの1つとされていま
す。スコッチ・ウイスキーは、2009年のスコッチ・ウイスキー規則により定義さ
れ、糖化から発酵、蒸留、熟成までスコットランドで行われたウイスキーのみがス
コッチ・ウイスキーと呼ばれます。スコッチ・ウイスキーは麦芽を乾燥させる際に
燃焼させる泥炭（ピート）に由来する独特の煙のような香り（スモーキーフレー
バー）が特徴で、その香りの強さは銘柄によって異なります。ウイスキーの全生産
量のうち、スコッチ・ウイスキーは約7割を占めています。"
}


> Finished chain.
```

1回目の実行結果: スコッチ・ウイスキーは、イギリスのスコットランドで製造さ
れるウイスキーであり、日本では世界5大ウイスキーの1つとされています。スコッ
チ・ウイスキーは、2009年のスコッチ・ウイスキー規則により定義され、糖化か
ら発酵、蒸留、熟成までスコットランドで行われたウイスキーのみがスコッチ・ウ
イスキーと呼ばれます。スコッチ・ウイスキーは麦芽を乾燥させる際に燃焼させる
泥炭（ピート）に由来する独特の煙のような香り（スモーキーフレーバー）が特徴
で、その香りの強さは銘柄によって異なります。ウイスキーの全生産量のうち、ス
コッチ・ウイスキーは約7割を占めています。

この部分では指示の通り、Wikipediaから記事を検索し、概要をまとめています。
ここまでがAgentの1回目の実行です。

```
> Entering new AgentExecutor chain...
{
    "action": "WikipediaRetriever",
    "action_input": "スコッチウイスキー"
}
Observation: [Document(~~~省略~~~)]
Thought:{
    "action": "Final Answer",
    "action_input": "スコッチ・ウイスキーは、イギリスのスコットランド
で製造されるウイスキーであり、日本では世界5大ウイスキーの1つに数えられま
す。スコッチ・ウイスキーは、2009年のスコッチ・ウイスキー規則により定義さ
れ、糖化から発酵、蒸留、熟成までスコットランドで行われたウイスキーのみがス
コッチ・ウイスキーと呼ばれます。麦芽を乾燥させる際に燃焼させる泥炭（ピー
ト）に由来する独特の煙のような香り（スモーキーフレーバー）が特徴で、その香
りの強さは銘柄によって異なります。ウイスキーの全生産量のうち、スコッチ・ウ
イスキーは約7割を占めています。"
```

```
}
```

> Finished chain.
2回目の実行結果：スコッチ・ウイスキーは、イギリスのスコットランドで製造されるウイスキーであり、日本では世界5大ウイスキーの1つに数えられます。スコッチ・ウイスキーは、2009年のスコッチ・ウイスキー規則により定義され、糖化から発酵、蒸留、熟成までスコットランドで行われたウイスキーのみがスコッチ・ウイスキーと呼ばれます。麦芽を乾燥させる際に燃焼させる泥炭（ピート）に由来する独特の煙のような香り（スモーキーフレーバー）が特徴で、その香りの強さは銘柄によって異なります。ウイスキーの全生産量のうち、スコッチ・ウイスキーは約7割を占めています。

2回目の実行はMemoryモジュールと組み合わせたことにより、1回目の実行と同様に実行されていることがわかります。

以上でAgentモジュールとMemoryモジュールを組み合わせて以前のやりとりをもとに指示をさせることができました。

Point **Agent内部での言語モデル呼び出し回数を制限する**

AgentはToolを使って与えられたタスクを達成しようとしますが、どのToolを使ってもタスクの完遂ができない場合、Toolの実行を延々と繰り返してしまうことがあります。そのような問題に対応するためにmax_iterationsというオプションが用意されています。たとえばToolの実行回数を5回までとしたい場合は、以下のように設定します。

```
agent = initialize_agent(
    tools,
    chat,
    agent=AgentType.CHAT_ZERO_SHOT_REACT_DESCRIPTION,
    max_iterations=5,    Agentの最大反復数を指定する
)
```

最大実行回数の制限をすることで、不要な言語モデルの呼び出しによる課金を防ぐことができます。Agentを使ったアプリケーションをリリースする際には設定することをおすすめします。

特定のユースケースに特化した
Tool をまとめた Toolkit

Agents モジュールには、特定の目的に合わせた Tool がまとめられた Toolkit という
サブモジュールが用意されています。ここではいくつかの Toolkit を紹介します。

・GmailToolkit
GmailToolkit は、Google が提供するメールサービス「Gmail」を操作するための Tool
が用意されています。メールの送信や検索、下書き作成など、Agent を使って Gmail
を操作できます。

・PlayWrightBrowserToolkit
PlayWrightBrowserToolkit は、Chrome などのブラウザをプログラムから操作でき
るアプリケーション「PlayWright」を使って、Agent からブラウザで URL を開いたり、
内容を取得したり、リンクをクリックしたりできる Tool が用意されています。

・SQLDatabaseToolkit
SQL を使って、データベースからデータを取得したり、更新したり、削除したりする
ための Tool が用意されています。Agent を使って、簡単に SQL 文を実行できます。

・JiraToolkit
プロジェクト管理やチームのタスク管理を効率化するためのソフトウェアである Jira
を操作するための Tool が用意されています。ページや課題などを作成したり取得でき
ます。

CHAPTER

7

Callbacks -
さまざまな
イベント発生時に
処理を行う

section 01
Callbacksモジュールで できることを知る

💬 **まずは基本を知る**　LangChainでは、言語モデルを使ったアプリケーションのさまざまな段階に介入できるCallbacksモジュールが用意されています。どのようなことができるのか見ていきましょう。

ログの取得やモニタリング、他アプリケーションと連携できる

　LangChainのCallbacksモジュールは、言語モデルを使ったアプリケーションで（Agentの実行開始時などの）イベント発生時に特定の処理を実行する機能です。このモジュールを利用することで、アプリケーションの詳細な実行ログをファイルやターミナルに出力できます。

　LangChainではさまざまなCallbacksが用意されており、Callbacksモジュールを使った一般的な機能は簡単に実装できます。

　さらに、第3章などで紹介したチャット画面を簡単に作成できるchainlitやその他の外部ライブラリ、アプリケーションと連携することも可能です。この連携機能により、異なるプラットフォームやツール間でのデータのやりとりを効率的に行えます。

　そして、ユーザーが独自のCallbacksを実装できるのもこのモジュールの特徴です。これにより、LangChainを利用するアプリケーションにさらなる拡張性を持たせることができます。

　次のセクションではCallbacksモジュールで外部ライブラリとの連携をする方法を学んでいきましょう。

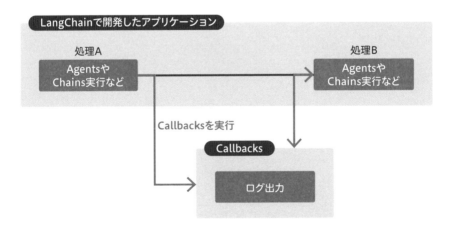

#chainlit ／ #外部ライブラリとの連携

section
02

Callbacksモジュールを使って 外部ライブラリと連携する

途中の処理を
見える化しよう

このセクションではchainlitに用意されているLangChainと連携するための機能を使い、Callbacksモジュールがどのように動くのか見ていきましょう。

▌ 用意されているクラスを使うことで外部ライブラリと連携できる

　チャット画面を簡単に作成できるライブラリであるchainlitは、Callbacksモジュールを使ったLangChainと簡単に連携する機能を用意しています。このセクションではこの連携機能とAgentsモジュールを使ってどのようなことができるのか見ていきましょう。

　「07_callback」というディレクトリを作成し、VS Codeの［ファイル］メニューの［新しいテキストファイル］から、「chainlit_callback.py」というファイルを作成し以下の通り入力してください。

7

Callbacks － さまざまなイベント発生時に処理を行う

● chainlit_callback.py

```
001 import chainlit as cl
002 from langchain.agents import AgentType, initialize_agent,
    load_tools
003 from langchain.chat_models import ChatOpenAI
004
005 chat = ChatOpenAI(
006     temperature=0,
007     model="gpt-3.5-turbo"
008 )
009
010 tools = load_tools(
011     [
012         "serpapi",
013     ]
014 )
015
016 agent = initialize_agent(tools=tools, llm=chat, agent=
    AgentType.CHAT_ZERO_SHOT_REACT_DESCRIPTION, verbose=True)
017
```

```
018 @cl.on_chat_start
019 async def on_chat_start():
020     await cl.Message(content="Agentの初期化が完了しました").
        send()
021
022 @cl.on_message
023 async def on_message(input_message):
024     result = agent.run(──── Agentを実行する
025         input_message,──── 入力メッセージ
026         callbacks=[──── コールバックを指定
027             cl.LangchainCallbackHandler()
                ──── chainlitに用意されているCallbacksを指定
028         ]
029     )
030     await cl.Message(content=result).send()
```

入力できたらVS Codeのターミナルで以下のコマンドを実行してください。

```
chainlit run chainlit_callback.py
```

ブラウザが立ち上がりチャット画面が表示されるので、「三軒茶屋はどこにあるか日本語で教えてください。」と送信してみましょう。すると途中に［Took 3 steps］と表示されるので、展開すると処理の途中でどのToolが使用されているかなどの情報が表示されます。

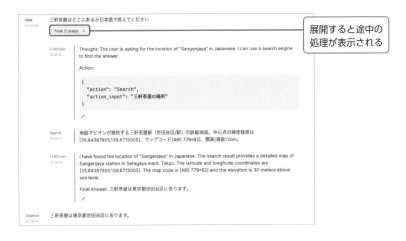

　この表示は、Callbacksモジュールを使用したLangChainとchainlitの連携により可能になっています。

　なお、今回のコードではCallbacksモジュールの動作を確認するためにAgentsモジュールを使用しています。第6章で説明したように、AgentsモジュールはToolを実行するべきかなどの思考を英語で行う関係上、返答が英語になる場合があります。そのため、本書で示す結果と異なる表示になることがあります。

　具体的なコードを確認して、どのように連携されているのか見てみましょう。

● chainlit_callback.py

```
016  agent = initialize_agent(tools=tools, llm=chat, agent=
     AgentType.CHAT_ZERO_SHOT_REACT_DESCRIPTION, verbose=True)
017
018  @cl.on_chat_start
019  async def on_chat_start():
020      await cl.Message(content="Agentの初期化が完了しました").
     send()
```

　詳細な説明は省略しますが、SerpApi Toolを使用して16行目でAgentsモジュールが初期化され、Agentが使用可能な状態になっています。

　次に18行目では、@cl.on_chat_startでメッセージを送信しています。

● chainlit_callback.py

```
022  @cl.on_message
023  async def on_message(input_message):
024      result = agent.run(────[Agentを実行する]
025          input_message,────[入力メッセージ]
026          callbacks=[────[コールバックを指定]
027              cl.LangchainCallbackHandler()
                 ────[chainlitに用意されているCallbacksを指定]
028          ]
029      )
030      await cl.Message(content=result).send()
```

　22行目の@cl.on_messageは、メッセージが送信されるたびに実行される処理を記述しています。agent.runを実行するときに、chainlitで用意されたcl.LangchainCallbackHandler()をcallbacksで指定しています。ここで指定することによりLangChainとchainlitの連携を可能にしています。

今回の例では何らかの処理を実行するタイミングでしたが、Chainsモジュールや Language modelsモジュールの初期化時などにCallbacksモジュールを設定し、さまざまな処理を挟むことで、ライブラリや外部サービスとの連携が可能になります。

次のセクションではCallbacksモジュールを自作して、どのように動くのか詳しく見ていきましょう。

Point　**Callbacks を使って連携できる ライブラリやサービス**

LangChain では Callbacks モジュールを通じてさまざまなライブラリやサービスと連携できます。ここでは一部を紹介します。

Streamlit

Streamlit は Python で簡単に Web アプリケーションを開発できるフレームワークです。Callbacks モジュールを使って chainlit での連携と同様にアプリケーションの状態を簡単に表示できます。

LLMonitor

AI を使ったアプリケーションが正常に動作しているか監視できます。アプリケーションの使用トークン数や生成結果などの項目を簡単に監視し、想定外の動作をしていないかなどを調査できます。

Context

AI を使ったアプリケーションの体験をよくするための分析ができます。どれくらいのユニークユーザーがいるかや実行時間などを監視し使いやすいアプリケーションを作成するのを助けます。

#ログ／自作Callbacks

section
03

ログをターミナルに表示できる Callbacksを作成する

Callbacksを
自作しよう

イベント発生時のログをターミナルに表示できる機能を作成してCallbacksモジュールの使い方を学びましょう。

Callbacksモジュールを自作して、イベント発生時に処理を実行する

Callbacksモジュールは、特定のタイミングで処理を行うためのモジュールであると前のセクションで説明しました。ここではその動作を確認するため、第2章で作成した「language_models.py」に、ターミナルにメッセージを表示する機能を追加してみましょう。

LangChainでは、このような「イベントが起きたときにターミナルにログを表示する」機能を持つCallbacksモジュールを「StdOutCallbackHandler」として提供しています。しかし、今回はこの機能の使い方を理解するために、自分で一から作ってみましょう。

Chat modelsと自作したCallbacksモジュールを組み合わせる

VS Codeの［ファイル］メニューの［新しいテキストファイル］から、「log_callback.py」というファイルを作成し以下の通り入力してください。

● log_callback.py

```
001 from langchain.callbacks.base import BaseCallbackHandler
                                    ── BaseCallbackHandlerをインポート
002 from langchain.chat_models import ChatOpenAI
003 from langchain.schema import HumanMessage
004
005
006 class LogCallbackHandler(BaseCallbackHandler):
                                    Callbacksを作成する
007
008     def on_chat_model_start(self, serialized, messages,
    **kwargs):  Chatモデルの実行開始時に呼び出される処理を定義する
009         print("ChatModelの実行を開始します....")
010         print(f"入力: {messages}")
011
```

7

Callbacks - さまざまなイベント発生時に処理を行う

243

```
012    def on_chain_start(self, serialized, inputs, **kwargs):
                 ── Chainsの実行開始時に呼び出される処理を定義する
013        print("Chainの実行を開始します....")
014        print(f"入力: {inputs}")
015
016 chat = ChatOpenAI(
017     model="gpt-3.5-turbo",
018     callbacks=[── Chatモデルの初期化時にCallbacksを指定する
019         LogCallbackHandler()── 作成したLogCallbackHandlerを指定する
020     ]
021 )
022
023 result = chat([
024     HumanMessage(content="こんにちは！"),
025 ])
026
027 print(result.content)
```

保存したらVS Codeのターミナルで以下のコマンドを実行してください。

```
python3 log_callback.py
```

以下のような出力が確認できます。

```
ChatModelの実行を開始します....
入力: [[HumanMessage(content='こんにちは！', additional_kwargs=
{}, example=False)]]
こんにちは！どのようにお手伝いできますか？
```

それではコードの変更点について見ていきましょう。

● log_callback.py

```
001 from langchain.callbacks.base import BaseCallbackHandler
                      ── BaseCallbackHandlerをインポート
```

1行目ではCallbacksの自作に必要なBaseCallbackHandlerをインポートしています。

● log_callback.py

```
006   class LogCallbackHandler(BaseCallbackHandler):
                                            ── Callbacksを作成する
007
008       def on_chat_model_start(self, serialized, messages,
      **kwargs):── Chatモデルの実行開始時に呼び出される処理を定義する
009           print("ChatModelの実行を開始します....")
010           print(f"入力: {messages}")
011
012       def on_chain_start(self, serialized, inputs, **kwargs):
                          ── Chainsの実行開始時に呼び出される処理を定義する
013           print("Chainの実行を開始します....")
014           print(f"入力: {inputs}")
```

　LangChainでのCallbacksモジュールは、BaseCallbackHandlerを継承したクラスとして定義する必要があり、6行目ではBaseCallbackHandlerを継承したLogCallbackHandlerクラスを定義しています。Callbacksモジュールで作成するクラスは「〜CallbackHandler」という形式にする慣習があり、それにならう形でLogCallbackHandlerとして定義しています。この作成したクラス内で、あらかじめ決まった形式でメソッドを定義することで関数内の処理が決まったタイミングで実行されます。

　8行目で定義しているon_chat_model_startはChatModelの実行開始時に呼び出されます。9〜10行目ではprint文でログを表示しています。

　12行目で定義しているon_chain_startはChainsの開始時に呼び出される処理です。

　以上でCallbacksモジュールを使ったLogCallbackHandlerの定義は完了です。

● log_callback.py

```
016   chat = ChatOpenAI(
017       model="gpt-3.5-turbo",
018       callbacks=[── Chatモデルの初期化時にCallbacksを指定する
019           LogCallbackHandler()── 作成したLogCallbackHandlerを指定する
020       ]
021   )
```

　16行目からはChatOpenAIの初期化時callbacksパラメータを追加し、作成したLogCallbackHandlerを設定しています。このように設定することで、Chat modelsが実行されるたびにLogCallbackHandlerを動作させられます。

　あとは初期化したChat modelsを実行すると、LogCallbackHandler内のon_chat_model_startが実行され、以下の内容が出力されることが確認できます。

7

Callbacks - さまざまなイベント発生時に処理を行う

```
ChatModelの実行を開始します....
入力: [[HumanMessage(content='こんにちは！', additional_kwargs=
{}, example=False)]]
```

　今回はChat modelsモジュールの呼び出しなので、Chainsの実行時に呼び出される12行目のon_chain_startは実行されていないことがわかります。

　このようにCallbacksモジュールは設定されたメソッドのうち、実行時に対応するメソッドが存在する場合のみ実行されます。

　なお、設定できるメソッドはほかにも用意されています。AgentsモジュールでのTool実行時、Retrieversモジュールで検索が終わったタイミングなどさまざまなイベント発生時に処理を挟めるようになっています。

　どんなメソッドが設定できるかは、公式ドキュメント（https://python.langchain.com/）などで確認してみましょう。

　以上でCallbacksモジュールを自作し、イベント発生時に処理を行う方法を学びました。

Point **Callbacksは初期化タイミングと、**
実行タイミングで設定できる

Callbacksは、初期化のタイミングと実行のタイミング、この2つのタイミングで設定できます。

- 初期化時の設定：初期化タイミングで設定したCallbacksは、イベントが発生するたびに実行されます。今回の例でいうと、ChatOpenAIの初期化時にLogCallbackHandler()を設定しています。これにより、ChatOpenAIが実行されるたびに、LogCallbackHandler()の処理が実行されます。
- 実行時の設定：一方、実行タイミングで設定したCallbacksは、実行タイミングでのみ実行されます。一時的なイベント処理を行いたい場合や、特定の実行だけに適用したい処理を追加する場合に利用します。たとえば、特定のAPIリクエストを実行する際だけ特別なログを出力したい、といった場合に利用できます。

初期化タイミングと実行タイミングで設定できるCallbacksは、柔軟な処理の挿入を可能にする強力なツールです。初期化タイミングで設定すれば共通の処理を一元管理でき、実行タイミングで設定すれば個別の処理を追加できます。この特性を活かし、アプリケーションの振る舞いを細かく制御することが可能です。

APPENDIX

LangChainを
より深く学ぶヒント

\#公式ドキュメント ／ \#Code understanding ／ \#Tagging

section

01 公式ドキュメントの ユースケースから学ぶ

情報の充実度は
いちばん！

LangChainの公式ドキュメントには、どのようなことができるのかの具体例が
数多く掲載されています。

公式ドキュメントの見方

公式ドキュメントは英語ではありますが、非常に情報が充実しているため、本書の
範囲外のことなどを知りたい場合や、更新された情報を知るには最適です。

・公式ドキュメント

https://python.langchain.com/

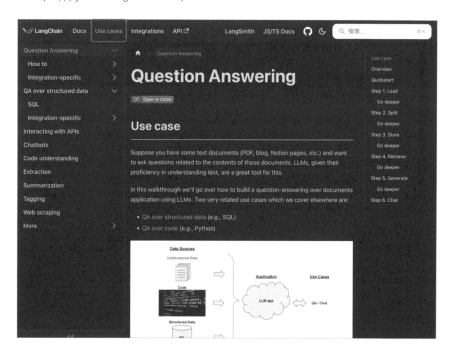

上のWebページにアクセスしたら [Use cases] をクリックしてどのようなユース
ケースがあるのか見てみましょう。本書ではわかりやすく体系的に理解するために

LangChainのモジュールごとに解説していましたが、こちらのページではユースケースごとにまとめられています。LangChainを使ってどのようなアプリケーションを作れるのかをより詳しく知りたい場合はこちらのページを確認してみましょう。

ここではどのようなユースケースが用意されているのかいくつか紹介します。

Code understanding

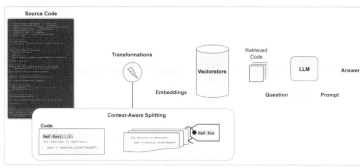

https://python.langchain.com/docs/use_cases/code_understanding

Retrievalモジュールを使用し、Pythonなどのソースコードをもとに質問できるチャットボットを作成できます。

Tagging

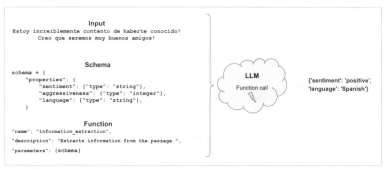

https://python.langchain.com/docs/use_cases/tagging

文章へのタグ付けを行えるChainsを使って、入力された文章の攻撃性の評価、言語の判定などを行います。

A

LangChainをより深く学ぶヒント

249

section
02

参考になる情報源たち

LangChainの公式ブログや、そのほかのソースをチェックする

どのような新しい技術が生まれているのか、それをどのように実装するかをキャッチアップすることは言語モデルを使ったアプリケーションを開発するために重要です。

LangChain公式ブログ

まずはLangChainが用意している公式ブログを紹介します。

・LangChain公式ブログ
https://blog.langchain.dev/

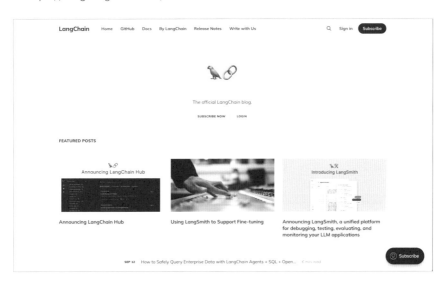

　ブログにはLangChainで頻繁に行われる機能追加などのアップデート情報だけでなく、使用例がソースコードとともに解説された記事など、公式ドキュメントには掲載されていないさまざまな記事が公開されています。
　また、LangChainに関連する新しいサービスにまつわる情報も掲載されています。
　右上の［Subscribe］から設定することでメールで更新を受け取れます。ぜひ登録して最新情報に触れられるようにしましょう。

▍awesome-langchainでLangChainにまつわる情報を収集する

GitHubにてLangChainを使ったプロジェクトや関連する情報をまとめるリポジトリである「awesome-langchain」が公開されています。

・awesome-langchain
https://github.com/kyrolabs/awesome-langchain

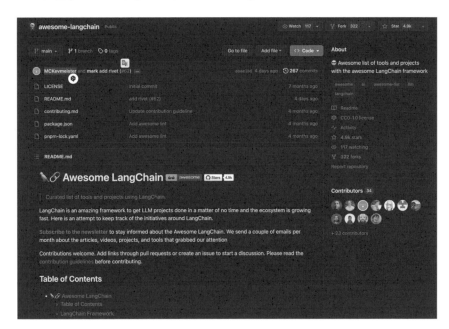

このリポジトリでは、LangChainを活用したオープンソースプロジェクトや、関連するツール、ライブラリ、チュートリアルなどへのリンクが公開されています。

実際にLangChainを使った開発を行う際に、似た機能を実装しているプロジェクトのソースコードを確認することで実装の参考にできます。

▍LangChainと連携できる言語モデルや外部システムを確認する

LangChainはさまざまな言語モデルや外部システムと連携できます。公式ドキュメントで［Integrations］のページを開くと、連携できる言語モデルや外部サービスを確認できます。

A

LangChainをより深く学ぶヒント

・公式ドキュメントの「Integrations」のページ
https://python.langchain.com/docs/integrations/providers

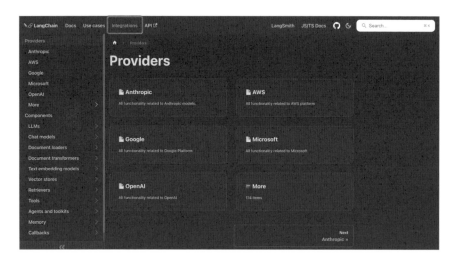

　[Integrations] をクリックしてどのようなものがあるのか見てみましょう。
　本書の第3章ではベクトルデータベースとしてChroma、Pineconeを使用しましたが画面左の一覧から [Memory] をクリックしてみるとそのほかにも連携できるさまざまな外部システムが用意されていることがわかります。
　便利な外部サービスを見つけるきっかけになることもあるのでぜひ確認してみましょう。
　同じく左の一覧の [Chat models] にはOpenAI以外にも数多くの言語モデルとの連携が用意されています。用途によってはこれらの言語モデルを使うことでコストを下げたり性能を向上させたりできる可能性があるのでぜひ触ってみましょう。

INDEX

A・B

Agent ···· 198, 205, 206
agent ···· 203
Agents ···· 21, 198
AIMessage ···· 57, 150
Anthropic ···· 16
APIキー ···· 33
APIの料金 ···· 15
awesome-langchain ···· 251
bar ···· 68
baz ···· 68

C

CallbackHandler ···· 245
Callbacks ···· 21, 238
cd ···· 41
chainlit ···· 115, 239
Chains ···· 21
Chat models ···· 69, 154
ChatGPT ···· 12
ChatGPT Plus ···· 25
Chatモデル ···· 13, 39
Chroma ···· 107
Claude 2 ···· 16
Codex ···· 50
Completeモデル ···· 13, 15, 49
Context ···· 242
ConversationBufferMemory ···· 155
ConversationBufferWindowMemory ···· 177
ConversationChain ···· 160

D

Document loaders ···· 97, 101
Few-shot prompt ···· 77
File System Tools ···· 199
Fine-tuning ···· 128
Flowise ···· 76
foo ···· 68

G

GitHub Copilot ···· 50
GmailToolkit ···· 236
google-search-results ···· 208
GPT ···· 12
GPT-3.5 ···· 13
gpt-3.5-turbo ···· 14
gpt-3.5-turbo-instruct ···· 15
GPT-4 ···· 13

H・I・J

Hugging Face ···· 88
HumanMessage ···· 57, 150
InMemoryCache ···· 72
JiraToolkit ···· 236

L

LangChain ···· 19
langchain（ライブラリ） ···· 37
Language models ···· 54, 69
Llama 2 ···· 17
llm ···· 203
LLMMath ···· 199
LLMonitor ···· 242
LLMs ···· 69

M

Map re-rank ···· 134
Map reduce ···· 134
max_tokens ···· 44
Memory ···· 20, 153
Meta ···· 17
Model I/O ···· 20, 54
Music Gen ···· 88

N・O

n ···· 44
OpenAI Function Calling ···· 215
OpenAIクラス ···· 70
Output parsers ···· 55, 65, 82

P

Perplexity AI ···· 147
pip ···· 37
PlayWrightBrowserToolkit ···· 236
poe.com ···· 18
Prompts ···· 54
PromptTemplate ···· 59

pwd ···· 41
Pydantic ···· 85
pylance ···· 31
PyMuPDFLoader ···· 101
Python ···· 26, 28

R

RAG ···· 90, 128
ReAct ···· 19, 215
Reasoning and Acting ···· 19, 215
Redis ···· 163
Refine ···· 134
Requests ···· 199
Retrieval ···· 20, 92
Retrieval-Augmented Generation ···· 90, 128
RetrievalQA ···· 129
Retrievers ···· 141, 223

S

SerpApi ···· 199, 206
SQLDatabaseToolkit ···· 236
Streaming ···· 73
Streamlit ···· 242
SystemMessage ···· 58

T・U

temperature ···· 44
Templates ···· 77
Text embedding models ···· 99
Text splitters ···· 98
text-embedding-ada-002 ···· 93
Tool ···· 198, 206, 216
Toolkit ···· 236
tools ···· 202
upstash ···· 163
URL ···· 200

V・W

Vector stores ···· 99
verbose ···· 203
Visual Studio Code ···· 27, 29
VS Code ···· 27, 29
VS Code拡張機能 ···· 31
Wikipedia ···· 135
WikipediaRetriever ···· 137, 223

ア・カ行

イベント ···· 243
永続化 ···· 166
外部ライブラリ ···· 239
会話 ···· 150
会話履歴 ···· 154, 170, 176
環境変数 ···· 35
キャッシュ ···· 71
言語モデル ···· 12, 16
言語モデルを呼び出す ···· 52
検索 ···· 109
公式ドキュメント ···· 248
公式ブログ ···· 250
コンテキスト長 ···· 14

サ・タ行

自然言語 ···· 12
実行環境 ···· 26
実行タイミング ···· 246
初期化タイミング ···· 246
セッションID ···· 170
データベース ···· 97
トークン ···· 15

ハ行

パラメータ ···· 43
ファイルアップロード ···· 121
プラグイン ···· 25
プロンプト ···· 52
プロンプトエンジニアリング ···· 77, 81
分割 ···· 104
ベクトルデータベース ···· 106
ベクトル化 ···· 92, 93, 106

マ・ラ行

モジュール ···· 20
モニタリング ···· 238
ライブラリ ···· 19
リスト形式 ···· 65, 67
連携 ···· 238
ログ取得 ···· 238

■著者

田村 悠（たむら はるか）

1990年東京都生まれ。フリーランスフルスタックエンジニア
0→1で多数のWebサービスを開発し、運用。
ベースフード株式会社では一人目のエンジニアとして参画し、定期購入システム
を構築、その後上場までフロントエンド、バックエンド、インフラすべてを対応。
ChatGPTに衝撃を受け、AI関連の技術に興味を持ち動画に翻訳字幕をつけられ
るWebサービスを個人開発でリリース（konjac.ai）。

■スタッフリスト

カバーデザイン	西垂水 敦・市川さつき（krran）
カバーイラスト	山田 稔
本文デザイン・DTP	リブロワークス
校正	株式会社トップスタジオ
制作担当デスク	柏倉真理子
デザイン制作室	今津幸弘
副編集長	田淵 豪
編集長	藤井貴志

本書のご感想をぜひお寄せください
https://book.impress.co.jp/books/1123101047

読者登録サービス
CLUB impress
アンケート回答者の中から、抽選で図書カード（1,000円分）
などを毎月プレゼント。
当選者の発表は賞品の発送をもって代えさせていただきます。
※プレゼントの賞品は変更になる場合があります。

■商品に関する問い合わせ先

このたびは弊社商品をご購入いただきありがとうございます。本書の内容などに関するお問い合わせは、下記のURLまたは二次元バーコードにある問い合わせフォームからお送りください。

https://book.impress.co.jp/info/

上記フォームがご利用いただけない場合のメールでの問い合わせ先
info@impress.co.jp

※お問い合わせの際は、書名、ISBN、お名前、お電話番号、メールアドレス に加えて、「該当するページ」と「具体的なご質問内容」「お使いの動作環境」を必ずご明記ください。なお、本書の範囲を超えるご質問にはお答えできないのでご了承ください。

● 電話やFAX でのご質問には対応しておりません。また、封書でのお問い合わせは回答までに日数をいただく場合があります。あらかじめご了承ください。
● インプレスブックスの本書情報ページ https://book.impress.co.jp/books/1123101047 では、本書のサポート情報や正誤表・訂正情報などを提供しています。あわせてご確認ください。
● 本書の奥付に記載されている初版発行日から 3 年が経過した場合、もしくは本書で紹介している製品やサービスについて提供会社によるサポートが終了した場合はご質問にお答えできない場合があります。

■落丁・乱丁本などの問い合わせ先
　FAX　03-6837-5023
　service@impress.co.jp
　※古書店で購入された商品はお取り替えできません。

LangChain 完全入門
生成AIアプリケーション開発がはかどる大規模言語モデルの操り方

2023 年 10 月 21 日　初版発行
2024 年 4 月 1 日　　第 1 版第 2 刷発行

著　者　　田村 悠

発行人　　高橋隆志

発行所　　株式会社インプレス
　　　　　〒 101-0051　東京都千代田区神田神保町一丁目 105 番地
　　　　　ホームページ　https://book.impress.co.jp/

印刷所　　株式会社暁印刷

ISBN 978-4-295-01796-7　C3055